北京市果类蔬菜产业创新团队资助

控制农业面源污染

——减少农药用量防治蔬菜病虫实用技术

指导手册

郑建秋　编著

中国林业出版社

图书在版编目（CIP）数据

控制农业面源污染：减少农药用量防治蔬菜病虫实用技术指导手册 / 郑建秋编著 .
—北京：中国林业出版社，2013.6

ISBN 978-7-5038-7071-2

Ⅰ . ①控… Ⅱ . ①郑… Ⅲ . ①蔬菜—病虫害防治—农药防治—手册 Ⅳ . ① S436.3-62

中国版本图书馆 CIP 数据核字 (2013) 第 121054 号

出版：中国林业出版社（100009 北京西城区德内大街刘海胡同 7 号）
网址：http://lycb.forestry.gov.cn
E-mail: hzm_bj@126.com 电话：（010）83286967
发行：中国林业出版社
印刷：北京卡乐富印刷有限公司
版次：2013 年 7 月第 1 版
印次：2013 年 7 月第 1 次
开本：889mm × 1194mm 1/16
印张：14
字数：286 千字
定价：298.00 元

《控制农业面源污染——减少农药用量防治蔬菜病虫实用技术指导手册》

编委会

总 顾 问：吴宝新（北京市农业局副局长 高级农艺师）

编　　著：郑建秋

编　　委：郑　翔（北京市大兴现代农业技术创新服务中心副主任 农艺师）
胡　彬（北京市植物保护站 农艺师）
姚丹丹（北京市植物保护站 农艺师）
陈玉俊（海南省植物保护站 高级农艺师）
涂祖霞（重庆市农业学校 高级农艺师）
周真真（北京市大兴现代农业技术创新服务中心 农艺师）
张真和（全国农业技术推广服务中心首席专家 二级研究员）
曹坳程（中国农科院植物保护研究所 研究员）
李健强（中国农业大学研究生院副院长 教授）
刘西莉（中国农业大学 教授）
李怀方（中国农业大学 教授）
何雄奎（中国农业大学 教授）
曹永松（中国农业大学 教授）
简　恒（中国农业大学 教授）
柴　敏（北京市蔬菜研究中心 研究员）
曹　华（北京市农业技术推广站 高级农艺师）
马永军（北京市延庆县植物保护站 高级农艺师）
祁长红（北京市昌平区土肥工作站 副站长）

卢志军（北京市植物保护站 高级农艺师）
王晓青（北京市植物保护站 高级农艺师）
曹金娟（北京市植物保护站 高级农艺师）
郭喜红（北京市植物保护站 高级农艺师）
丁建云（北京市植物保护站 推广研究员）
赵世福（北京市顺义区植物保护站 农艺师）
沈国印（北京市密云县植物保护站 高级农艺师）
谷培云（北京市延庆县植物保护站 高级农艺师）
贺建德（北京市土肥工作站 高级农艺师）
吴文强（北京市土肥工作站 高级农艺师）
曲明山（北京市土肥工作站 农艺师）
张桂娟（北京市大兴区植物保护站 推广研究员）
原　锴（北京市房山区植物保护站 高级农艺师）
牛木森（北京市通州区植物保护站 高级农艺师）
张春红（北京市顺义区植物保护站 高级农艺师）
李云龙（北京市植物保护站 农艺师）
师迎春（北京市植物保护站 推广研究员）
张　芸（北京市植物保护站 高级农艺师）
陈笑瑜（北京市植物保护站 高级农艺师）
肖长坤（北京市植物保护站 高级农艺师）
张　涛（北京市植物保护站 农艺师）
宋玉林（北京市顺义区植物保护站 高级农艺师）
侯秀荣（北京市顺义区植物保护站 高级农艺师）
徐年琼（北京市朝阳区植物保护站 高级农艺师）
张晓临（北京市通州区植物保护站 农艺师）
张　超（北京市大兴区植物保护站 农艺师）
崔晓英（北京市密云县植物保护站 高级农艺师）
田兆迎（北京市通州区植物保护站 农艺师）
孙　海（北京市植物保护站 助理农艺师）

郑建秋 北京市植物保护站副站长；北京市大兴现代农业技术创新服务中心主任（发起人）；北京市现代农业产业技术支撑体系果类蔬菜病虫防控研究室主任；北京植物病理学会副理事长；北京农产品质量安全学会副理事长；《中国蔬菜》《中国植保导刊》《植物检疫》编委，全国标准化技术委员会委员；国家出版基金评审专家；农业部农产品质量安全评审专家；农业部蔬菜、果树专家顾问组成员；农业部中绿华夏有机食品认证中心技术专家委员会委员；中国农业大学特聘校外硕士生导师；北京市人力资源和社会保障局、市委组织部高级专家库专家，北京市科技成果奖励评审专家；北京市农业技术高级职称评定委员会委员；国家二级推广研究员；享受国务院特殊津贴专家。

1983年毕业于西南农业大学植保系，一直从事蔬菜病虫测报、防治、植物检疫及相关试验、研究、推广工作。主持北京市政府折子工程、农业招标、政府购买服务、科技计划、技术攻关等重大项目近20项、一般项目30余项，参加国家科技推广项目4项。调查鉴定蔬菜病虫1800余种，引进、研究和开发出在国内推广应用的新技术和新产品120余项（种）。发表论文或技术文章70余篇，出版著作12部，著大型工具书《现代蔬菜病虫鉴别与防治手册（全彩版）》一部，拍摄病、虫、草防治录像片和技术光盘20余套，协助中央电视台（CCTV）和北京电视台（BTV）等媒体制作科技教育节目60多期，培训北京市和其他省市各级技术人员15万多人。获国家专利50余项，其中发明专利16项。2010年14项技术参加“中国移动G3杯”暨第五届北京发明创新大赛获银奖1项、CCTV创新无限专项奖1项、优秀发明奖12项。先后获国家级成果奖2项；北京市科技一等奖1项，二等奖2项，三等奖6项；农业部丰收奖一等奖2项，二等奖1项；北京市星火科技奖一等奖1项，二等奖1项；北京市农技推广一等奖3项，二等奖6项，三等奖2项；中国科学技术协会金桥奖一等奖1项，北京市金桥奖一等奖4项。两次被评为“北京市优秀青年知识分子”和“北京市先进科普工作者”。2000年先后被评为“北京市先进工作者”和“全国先进工作者”；2001年先后获“茅以升科学技术奖——北京青年科技奖提名奖”“首都先进农业科技工作者”和“北京市有突出贡献的科学、技术、管理专家”称号；2003年获“全国五一劳动奖章”；2006年获“京郊农村经济发展十佳科技工作者”称号；2007年被评为首都“城乡携手迎奥运 共建文明京郊行”先进个人；2008年被科技部评为“科技奥运先进工作者”；2010年被北京市委评为“北京市群众心目中的好党员”；2012年被评为“全国优秀科技工作者”。

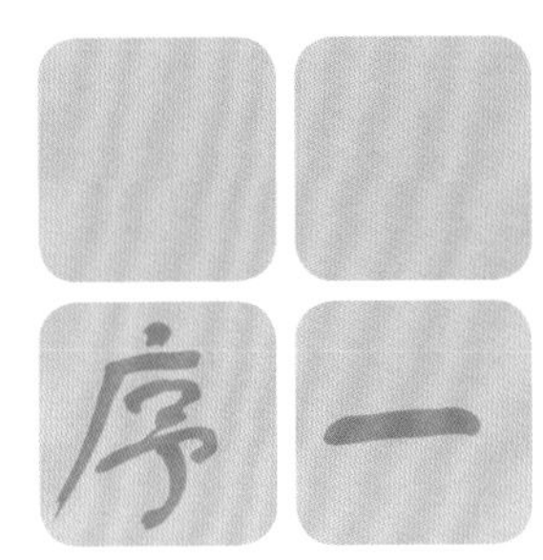

序一

农业面源污染和食品安全问题事关国计民生，农药的过度使用是引起面源污染和食品安全问题的主要因素之一。近十多年来，我国农药年生产品种2500多个，使用量23万吨左右（有效成分），各种制剂（实物量包括有效成分和各种辅剂）约120万吨。据有关部门调查，我国农药利用率只有30%左右，有70%的农药散布到农业环境中，直接污染空气、土壤，还通过各种渠道汇流到水体中，引起水质污染。

我国是农业病虫害发生危害严重的国家，常发性病虫害1000余种，每年化学防治面积60亿亩次。由于农药品种多和施药技术复杂，加之宣传、指导力度不够，在农业生产过程中盲目用药、违禁用药、滥用药的现象时有发生，这不仅造成生产成本增加，还导致农产品农药残留量超标等诸多问题。因此，加强病虫害防治工作，通过安全用药培训，使农民了解病虫害防治知识，提高用药水平，对提升农产品质量和保护农村环境有重要意义。

本书采用图文混排的方式，将百余项实用技术归类成册，系统介绍了不同类别病虫发生与防治特点，以及一系列源头控制、栽培防控、物理防控、生态调控和科学用药的实用技术。作者长期从事病虫害防治技术推广工作，对病虫害的发生与防治有丰富的实践经验。该书通俗的语言和直观的照片，具有很强的实用性。它的出版发行，对通过普及作物病虫害防治技术知识，促进无公害、绿色、有机蔬菜生产基地建设和有效降低农药面源污染程度将发挥积极作用。

中国农业科学院副院长
中国工程院院士 吴孔明

2013年5月

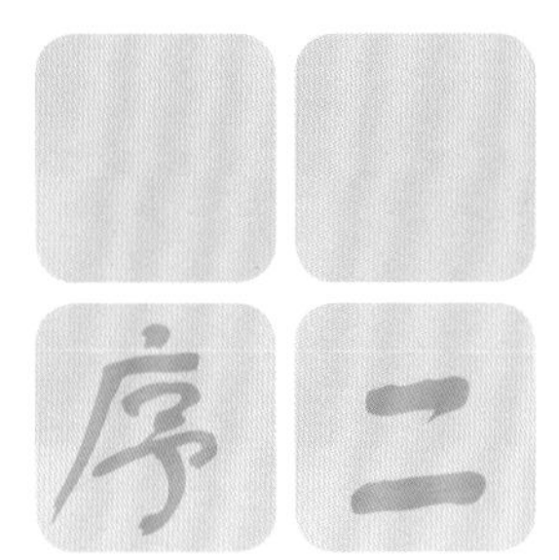

随着我国社会经济的迅速发展，农副产品日益丰富，化肥、农药用量不断增加，农业环境污染日趋加重，水质明显下降，严重影响蔬菜、畜、禽、鱼等产品质量，直接威胁人民的身体健康。同时，由氮、磷、农药等引起的农业面源污染也越来越严重，已成为我国河流、湖泊、海洋、水库等水体富营养化的主要原因，直接制约我国经济可持续发展，影响人民生活水平的提高。控制农业面源污染显得越来越迫切，加强农业面源污染控制与治理也越来越受到社会各界的重视。

由于农业面源污染范围广，污染物构成复杂，污染环境的途径和方式多种多样，控制难度很大。面对21世纪巨大的人口压力，我国农业土地资源开发已接近超强度利用，防止化肥、农药、农膜等不当使用在未来相当长的一段时期内仍是影响土地产出水平和保护土地生态安全的重要途径。面源污染与农业生产、农民生活息息相关，没有广泛的农户参与，控制农业面源污染是无法实现的。目前，作为农业面源污染的主体还缺乏对面源污染的基本认识，很少有农户意识到自己的农业活动对环境产生了危害，即便是农户意识到了农业面源污染的严重性，面临生存和发展的压力他们不得不简单重复“不合理”生产、生活方式，因此他们需要先进生态理念的引领，需要政府公共行为的支持，需要提供更多的技术支撑和政策保障。

农民的生产行为直接决定农业面源污染治理是否成功。如何推动农户贯彻绿色发展、循环发展、低碳发展的理念于农村农业实践并采用环境友好型的农业技术，减少化肥和农药用量，首先是宣传培训农民，使他们知道不合理使用化肥、农药、农膜等不规范行为对环境的危害，认识到滥施化肥、滥用农药的后果，帮助农民学习掌握科学的生产技术，引导树立生态文明观念，提高环境意识。真正把环境保护措施变为农民群众的自觉行动，使农民自觉减少化肥、农药的使用量。其次是加强基层农业技术推广人员环保意识教育，丰富他们在控制农业面源污染方面的技术知识，使其更好地推广普及环保型农业技术，形成一支稳定的遍布城乡的农业环保宣传队伍和面源污染防治的指导推动力量。

本书是作者根据我国蔬菜病虫发生与防治现状，针对蔬菜病虫防治中普遍存在“高度依赖农药”问题，本着更有效地推广普及“减少农药用量，控制农业面源污染，保障食品安全”的实用技术，可帮助基层农技人员提升蔬菜病虫科学防控指导能力，通过大量珍贵的一线照片资料直观介绍了数以千计病虫的鉴别、防治要点，为更好地满足社会对无公害、绿色、有机蔬菜产品的生产需求，本书还系统介绍了病虫源头控制、栽培管理防治、物理防治、利用病虫特性防治和科学使用农药的实用技术，文字精炼、通俗易懂、图文并茂，汇集了作者30年工作技术成果和业内专家的成熟经验，是一本难得的好书，不但可直接用于蔬菜病虫防治科学指导，还可用于控制农业面源污染的指导和参考。

本书的正式出版，必将对我国蔬菜产业健康发展，对蔬菜病虫全程绿色防控，对农业面源污染有效控制产生积极深远的影响。

中国工程院院士
国际欧亚科学院院士　金鉴明

2013年5月

前言

目前我国农业面临的环境问题非常严峻，特别是农业面源污染给水体、土壤和空气带来的危害日益严重。造成农业面源污染的直接原因是化肥、农药、农膜等的不合理使用，以及农业生产废弃物的随意处理等。相关内容在《农业面源污染的危害与控制》一书中笔者结合多年对农业面源污染控制的研究做了较多的探讨。并且，农产品质量与食品安全倍受社会关注，而保证农产品质量与安全的背后是农药与肥料的科学使用。农药残留量是衡量农产品安全的基本指标，所以科学合理使用农药、最大限度减少农药使用，是保障食品安全、控制农药面源污染的有效措施。如果病虫得到有效防控，又显著降低了农药用量，就意味着农业生产投入显著降低，农产品质量明显提升，农业生产环境得到改善。所以，减少农药用量既是降低生产投入的需要，也是保证食品安全的需要，更是控制农业面源污染的需要。

据调查，我国蔬菜病虫有2000多种，常发病虫300多种，每年必需防治病虫50~70种，疑难病虫10余种，随着时间推移新病虫和疑难病虫还将不断增加，无疑是对我们的最大挑战。面对严重复杂的病虫难题，农民朋友往往最习惯于使用农药，从这个角度来说，全面减少农药使用，有效控制农药面源污染的确任重道远。现代农业产业的发展方向是低碳高效，农民节本，产品安全和生态文明，客观要求我们科学减量施用农药，对病虫实施绿色防控，最好是有效防控病虫又不怎么使用农药。怎样才能真正做到少用农药呢？首先是准确辨识病虫，然后了解病虫，最好是掌握它的规律、特点，知道病虫的来龙去脉，在基本认识病虫后确定有效的防控策略，选择可行的技术措施。在生产前尽量堵截病虫源头，切断传播途径，最大限度减少和限制病虫发生；生产期因时因地采用有效措施进行预防或控制；生产结束后彻底清除残存病虫、带病虫残体，及时进行除害处理等。

面对复杂繁多的病虫绝对不能单打一，需要分类别、抓重点、找共性，重视源头控制，最好开展大面积统防统治，或实行全程专业化绿色防控，把“产前”、“产中”和“产后”的所有技术措施有机结合，形成“全程绿色防控”技术体系，有效贯彻“预防为主，综合防治”的植保方针，真正实现病虫绿色防控，使农药用量显著降低，农民生产投入减少，产品质量更加安全，农药污染得到有效控制。

相信，在不远的将来，在社会各方面的支持下，蔬菜病虫防治逐步走向专业化、社会化服务的道路，病虫防治、食品安全、面源污染控制问题将得到有效解决。

《控制农业面源污染——减少农药用量防治蔬菜病虫实用技术指导手册》一书根据控制农药面源污染、最大限度减少农药使用，实现无公害、绿色、有机蔬菜生产的实际需要，本着“标”、“本”兼治的原则，针对目前蔬菜病虫种类繁多，每一种病虫的发生规律和防治技术准确掌握起来十分困难的情况，从便于基层技术人员学习提高和指导生产实际应用考虑，采用浅显的文字、大量的病虫生态图片和田间操作照片，以问答形式引导读者辨识不同类别病虫，了解它们的共性、特点、防治要点，以便把握防治大方向；作者以近30年工作实践结合本人和同行的成功经验，系统介绍百余种病虫源头控制、栽培管理防病虫、物理措施防病虫、利用害虫特性防治害虫实用技术；针对我国农药使用过程中普遍存在的问题，较系统地介绍科学使用农药的相关知识与实用技术，可供农林院所、推广单位参考使用，也可作为专业技术培训参考教材。

本书在北京市政府折子工程“北京市北运河流域控制农业面源污染——减少农药用量控制农业面源污染项目”的支持下撰写完成，内容包含了本领域病虫防控的数十项实用技术成果和数十项实用专利技术，以期通过本手册为我国控制农药面源污染，全面普及病虫绿色防控技术做铺垫。为照顾基层农技人员阅读、理解和使用，文字表述尽可能简单明了，尽可能提供较系统的田间生态图片。本书从出版策划、资料收集整理到文字编写等经历了很长时间，得到了多方面的支持与帮助。北京市农业局赵根武局长、阎晓军副局长、陶志强总农艺师，市财政局孟和国副处长高度重视，北京市植物保护站周春江站长、王克武书记鼎力支持，史殿林、司力珊、王大山、赵永志、廖洪、王永泉等领导和区县植保站领导及相关技术人员给予了多方面帮助，在此深表感谢。北京市植物保护站和北京市大兴现代农业技术创新服务中心指导扶持创建的"北京市蔬菜病虫防治飞虎队"的一群"90后"亲临生产一线，为本书提供了大量生产实践图片和数据资料，在此特别致谢。

由于本书涉及面较广，作者的专业水平有限，难免存在错误与不足，恳请读者批评指正。

作　者

2013年1月

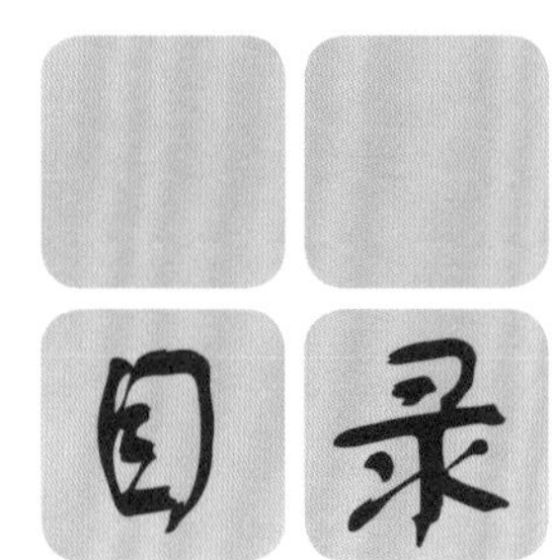

目录

序言一 / 7

序言二 / 9

前言 / 11

1 不同类别蔬菜病虫害发生与防治特点19

1. 病毒病发生有哪些特点？ / 20
2. 病毒病症状表现有哪些类型？ / 21
3. 病毒病的传播特点 / 24
4. 防治病毒病有特效药剂吗？ / 25
5. 如何防治病毒病？ / 26
6. 真菌病害有何特点？ / 27
7. 真菌病害的常见症状 / 28
8. 真菌病害可以分几类？在发生和防治方面有什么不同？ / 39
9. 细菌病害有何特点？ / 39
10. 细菌病害主要表现什么症状？ / 40
11. 常见的细菌病害有哪些？ / 45
12. 防治细菌病害应注意什么？ / 48
13. 哪些药剂可以防治细菌病害？/ 48
14. 真菌病害、细菌病害和病毒病如何区别？ / 49
15. 线虫为害植物为什么叫线虫病？ / 52
16. 线虫病害发生危害有什么特点？ / 53
17. 蔬菜根结线虫病发生危害有什么特点？ / 54
18. 根结线虫病是怎么传播的？ / 57
19. 蔬菜根结线虫病的防治关键是什么？ / 59
20. 防治蔬菜根结线虫病有哪些方法？ / 61
21. 什么是非侵染病害，有何特点？ / 66
22. 非侵染病害有哪些类型？ / 67
23. 怎么判断识别非侵染病害？ / 76
24. 非侵染病害如何防治？ / 77
25. 食叶害虫发生危害有什么特点？ / 78
26. 怎样防治食叶害虫效果更理想？ / 80
27. 小型害虫发生危害有什么特点？ / 83
28. 怎样防治小型害虫？ / 91
29. 钻蛀性害虫发生危害有何特点？ / 93
30. 怎样防治钻蛀性害虫？ / 94
31. 地下害虫发生危害有何特点？ / 95
32. 怎样防治地下害虫？ / 97

2 病虫源头控制实用技术 / 99

1. 病虫最初是从哪里来的？ / 100
2. 为什么要进行种子消毒？ / 102
3. 种子消毒的方法有哪些？ / 102
4. 为什么要进行棚室表面消毒灭菌？ / 104
5. 棚室表面消毒灭菌有几种方法？ / 104
6. 怎样进行棚室表面消毒灭菌？ / 105
7. 怎样进行药剂棚室表面消毒灭菌？ / 106
8. 怎样进行药剂棚室熏蒸消毒灭菌？ / 107
9. 怎样进行臭氧棚室表面消毒灭菌？ / 108
10. 土壤消毒有哪些方法？ / 109
11. 怎样进行土壤药剂处理？ / 110

12. 土壤药剂处理有何特点，适宜防治哪些病害？ / 112
13. 土壤药剂处理应该注意什么？ / 114
14. 怎样进行药剂熏蒸处理？ / 115
15. 怎样进行太阳能土壤高温消毒？ / 116
16. 太阳能土壤高温消毒有何优缺点？ / 118
17. 太阳能土壤高温消毒应该注意什么？ / 119
18. 怎样进行臭氧土壤处理？ / 121
19. 臭氧处理有什么好处？ / 124
20. 什么是生物熏蒸？ / 124
21. 什么是生物熏蒸剂？ / 125
22. 生物熏蒸剂处理土壤有什么好处？怎样操作？ / 126
23. 土壤灭生性处理和选择性处理有何区别？ / 127
24. 灭生性处理土壤后需要注意什么？ / 128
25. 带病虫植株残体无害化处理有些什么方法？ / 129
26. 焚烧处理植株残体为什么不好？ / 129
27. 高温简易堆沤有何优缺点？ / 130
28. 怎样进行菌肥发酵堆沤，有什么好处？ / 131
29. 怎样进行太阳能高温堆沤处理？ / 131
30. 太阳能高温堆沤处理有何优缺点，处理时应该注意什么？ / 132
31. 什么是太阳能臭氧农业垃圾无害处理？ / 133
32. 太阳能臭氧农业垃圾无害处理有何优缺点？ / 133
33. 什么是臭氧无害就地处理，它有什么优点？ / 134

3 栽培管理防病虫实用技术 / 135

1. 种植蔬菜为什么要轮作？ / 136
2. 什么是连作障碍？ / 136
3. 轮作应该遵循什么原则？ / 138
4. 怎样轮作防治病虫才有效果？ / 138
5. 抗病虫品种为什么能防病虫害？ / 139
6. 抗病虫的蔬菜品种有哪些？ / 140
7. 嫁接为什么能预防病害？ / 144
8. 哪些砧木可用来嫁接栽培？ / 145
9. 蔬菜嫁接主要方法有哪些？ / 148
10. 嫁接时应该注意什么？/ 152
11. 嫁接防病应该注意什么？ / 154
12. 使用嫁接苗应该注意什么？ / 155
13. 节水灌溉有哪些方法？ / 156
14. 节水灌溉对防治病害有什么好处？ / 157
15. 生态调控是怎么回事？ / 158
16. 为什么生态调控可以有效防治病虫害？ / 159
17. 以黄瓜霜霉病为例，说明如何进行生态防治？ / 160
18. 为什么黄瓜高温闷棚可以杀灭病虫而黄瓜还能生长？ / 161
19. 怎样进行黄瓜高温闷棚，应注意什么？ / 161
20. 高温闷棚可以防治哪些病虫？ / 162

4 物理措施防病虫实用技术 / 163

1. 采用遮阳网为什么可以防病？可以预防什么病害？ / 164
2. 如何选择遮阳网？ / 165
3. 采取别的方式可以起到遮阳网的作用吗？ / 165
4. 防虫网除了阻隔害虫还有别的作用吗？ / 168
5. 使用防虫网需要注意些什么？ / 169
6. 什么叫功能膜？ / 171
7. 什么样的功能膜与病虫草害防治直接有关？ / 172

5 利用害虫特性防治害虫实用技术 / 175

1. 色板为什么可以诱杀害虫？ / 176
2. 黄板主要诱杀哪些害虫？ / 177
3. 蓝板主要诱杀哪些害虫？ / 178
4. 什么样的色板诱杀害虫最好？ / 179
5. 诱杀害虫适宜的色板形状、规格、设置方式是什么？ / 180
6. 设置色板的适宜高度和距离是多少？ / 181
7. 什么时候设置色板最合适？ / 181

8. 使用色板诱杀害虫需注意什么？ / 181
9. 可以自制色板诱杀器吗？ / 182
10. 为什么灯光可以诱杀害虫？ / 183
11. 灯光诱杀有何优缺点？ / 184
12. 如何选择杀虫灯？ / 184
13. 性诱是怎么回事？ / 185
14. 什么是性诱剂？ / 186
15. 性诱控制有什么优点？ / 186
16. 怎样进行性诱控制？ / 187
17. 使用性诱捕器防治害虫应该注意什么？ / 188
18. 什么是引诱植物，怎样利用引诱植物？ / 189
19. 驱避防治是怎么回事？ / 190
20. 什么是驱避植物？ / 190
21. 常见驱避植物有哪些？ / 191
22. 为什么银灰膜可以驱避蚜虫，怎样避蚜？ / 192

6 科学使用农药实用技术 / 193

1. 您知道农药是怎么分类的吗？ / 194
2. 您知道农药的毒性分级吗？ / 194
3. 杀虫剂的胃毒、触杀和熏蒸作用是怎么回事？ / 195
4. 常见农药符号有哪些，您认识吗？ / 195
5. 您还认识一些相关符号吗？ / 195
6. 哪些是农药常用剂型？ / 196
7. 什么样的剂型对环境友好安全？ / 196
8. 您知道农药标签的内容吗？ / 196
9. 购买农药时需要注意什么？ / 197
10. 为什么不能随便兑药？/ 199
11. 什么是农药残留？ / 200
12. 什么是农药安全间隔期？ / 200
13. 什么样的农药为假农药？ / 200
14. 什么样的农药是劣质农药？ / 201
15. 怎样简单辨别农药质量？ / 202
16. 施用农药的常见方法有哪些？ / 202
17. 如何做到科学合理地使用农药？ / 207
18. 如何做到精准施药？ / 208
19. 您知道农药增效剂的作用吗？ / 209
20. 怎样科学混用农药？ / 210
21. 农药混用的主要类型有几种？ / 211
22. 是不是发生病虫就必须防治？ / 211
23. 发生药害后怎么补救？ / 212
24. 如何正确使用喷雾器喷施农药？ / 212
25. 如何排查喷雾器故障？ / 212
26. 怎样处理未用完的农药？ / 213
27. 怎样安全处理农药包装等废弃物？ / 213
参考文献 / 214
索引 / 218

1

不同类别蔬菜病虫害发生与防治特点

1 病毒病发生有哪些特点？

病毒是极微小的核酸，专性寄生，只能在活体植物体内寄生生活、复制繁殖，在发病植株外面看不到病毒。寄主植物死亡、分解，病毒也随即钝化或死亡。病毒病在高温干旱条件下容易诱发，植物对病毒病都有感病敏感期，多数植物在幼嫩时期容易感染病毒病，例如，十字花科蔬菜在七叶期前，茄果类蔬菜在第一穗果开花前，瓜类蔬菜在结瓜前极易感染病毒（图1）。

一种病毒可以侵染多种作物，多种病毒也可同时侵染一种作物。

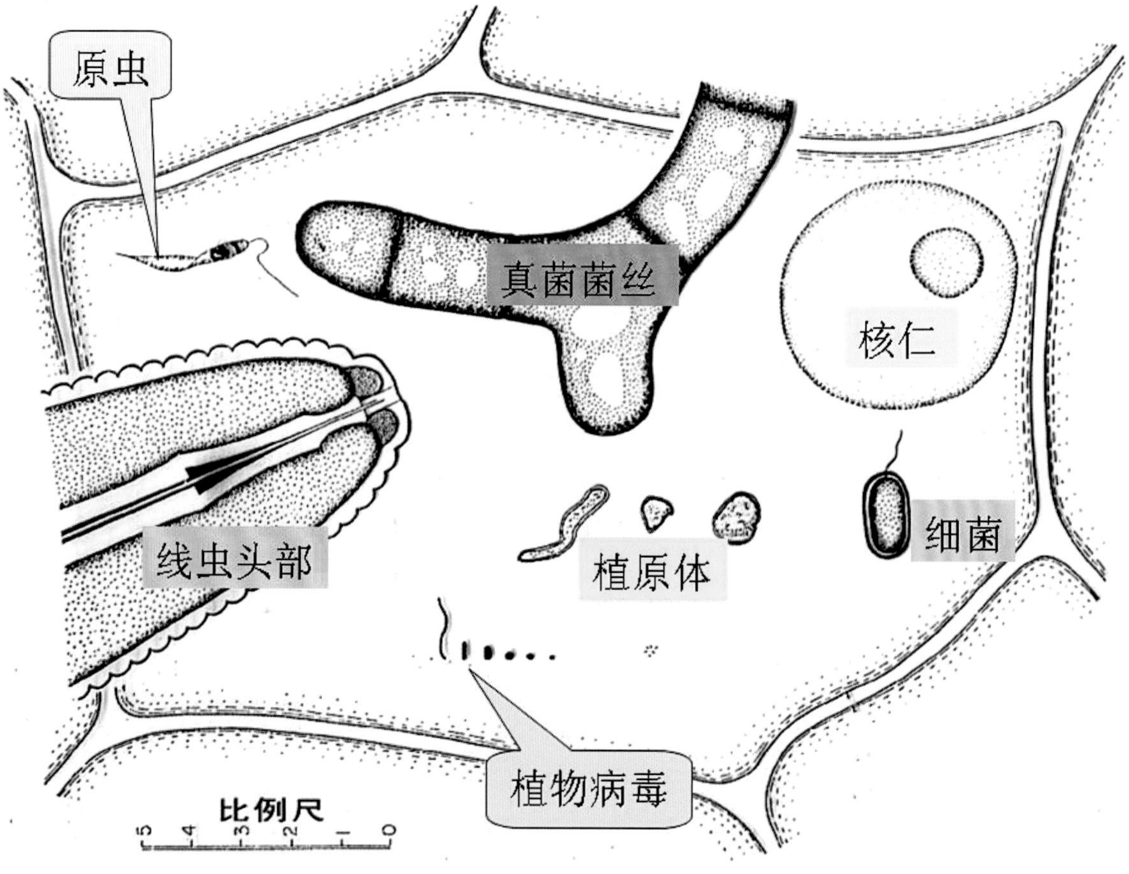

图1　病毒、真菌、细菌的比较

2 病毒病症状表现有哪些类型？

感染病毒的植株随环境条件变化可以表现一种或几种症状，也可以不表现症状，但体内的病毒可以传播。病毒病的症状大多是全株性，属散发性，有时容易与生理性病害特别是营养失调或药害相混淆。

蔬菜病毒病的症状有：花叶、蕨叶、明脉、矮化、黄化、银叶、坏死、畸形等。花叶表现为叶片皱缩，出现黄绿相间的花斑，形状大小不规则；蕨叶包括叶片变小、卷曲、扭曲、丛生；明脉是指叶脉颜色变淡、半透明；矮化包括植

图2–1 盖菜花叶病毒病

株变矮、丛生；黄化是指叶片褪绿变黄或落叶；坏死包括植株部分组织变褐坏死，表现为杂斑、顶枯或斑驳等；畸形包括叶片变成线状、分枝多呈丝状，果实不规则，表面凹凸不平等（图2-1～图2-27）。

图2-2 黄瓜绿斑驳病毒病

图2-3 西瓜黄瓜绿斑驳病毒病 水脱瓜

图2-4 萝卜花叶病毒病

图2-5 皱缩花叶病毒病

图2-6 南瓜病毒病

图2-7 西瓜明脉病毒病

图2-8 番茄黄化曲叶病毒病 成株

图2-9 番茄黄化曲叶病毒病

图2-10 番茄黄化曲叶病毒病后期受害状

图2-11 番茄条斑病毒病 坏死病果

图2-12 番茄斑萎病毒病 病果

图2-13 番茄条斑病毒病 畸形果

图2-14 番茄病毒矮化症状

图2-15 葫芦银叶病毒病

图2-16 水果黄瓜病毒病 畸形瓜

图2-17 辣椒花叶病毒病

图2-18 番茄条斑病 坏死病茎

图2-19 番茄黄化曲叶病毒病 植株畸形

图2-20 番茄条斑病 坏死斑

图2-21 番茄黄化曲叶病毒病病苗

图2-22 番茄蕨叶病毒

图2-23 番茄花叶病毒病

图2-24 番茄黄化曲叶病毒病前期受害状

图2-25 西瓜黄化病毒病

图2-26 彩椒病毒病 坏死畸形果

图2-27 彩椒病毒病 坏死畸形果

3 病毒病的传播特点

病毒多为小型刺吸式口器害虫传毒。一种病毒常由一种昆虫传播，病毒与传播病毒的昆虫关系非常密切，很多在虫体内生存或复制。有的害虫吸食了发病植株的汁液就长时间带毒，有的终生带毒，有的会传给下一代。

病毒只能通过不影响植物细胞存活的微小伤口传播，大口吃叶害虫或田间操作给植株造成了大的伤口，细胞都死了，病毒也不能存活了（图3-1～图3-7）。

图3-1 传毒害虫：斑潜蝇虫道内低龄幼虫、脱道幼虫、蛹、成虫

图3-2 传毒害虫：无翅蚜虫

图3-3 传毒害虫：有翅蚜

图3-4 传毒害虫：花蓟马

图3-5 传毒害虫：烟粉虱卵、成虫、伪蛹

图3-6 传毒害虫：白粉虱卵、成虫、伪蛹

图3-7 传毒害虫：无翅蚜虫

4 防治病毒病有特效药剂吗？

没有，病毒只有最核心的遗传物质是自己的，其他生命物质全靠寄主细胞提供，它们在植物细胞内生存、复制。进入植物细胞内杀死病毒又对细胞毫无损坏是很难实现的，所以防治病毒病很难，无特效药，最多能够抑制或钝化病毒，从而在一定程度上控制病毒病发展。

5 如何防治病毒病?

病毒病的发生特点决定只有采取优化栽培和田间管理等综合性预防措施，才能有效防控病毒病的发生。主要措施有以下几种:

(1) 选用抗病品种。目前瓜类、茄果类、叶菜、根菜等主要蔬菜针对主要病毒病害都有相应的抗病品种。

(2) 种子消毒。常采用10%磷酸三钠溶液或高锰酸钾400倍液浸种30分钟，捞出后用清水洗净，再浸种催芽。

(3) 优化栽培。提前或延后播种、移栽，使作物易感病毒时期与高温干旱及蚜虫、白粉虱、烟粉虱、叶螨、蓟马等传毒昆虫发生盛期错开。或采用遮阳网、间作高秆植物、使用防虫网等调节改善小气候，避免高温干燥，阻隔害虫传毒（图5-1～图5-3）。

(4) 药剂抑制。在病毒病发生前或病毒病发生很轻时使用病毒抑制剂可在一定程度减轻或控制病毒病发生。可选用植病灵、病毒必克、天达2116、病毒A、抗病威（病毒K）、病

图5-1 遮阴植物防病诱虫

图5-2 遮阳网覆盖

图5-3 遮阳网覆盖

毒B、病毒杀星等。

通常情况下，若病毒病不严重，一般用上述任何一种药剂防治3次即可，若病情严重且环境条件又不利于蔬菜生长时，单靠上述任何一种药剂防治效果都不理想。

此外，小型害虫如蚜虫、白粉虱、烟粉虱、叶螨、蓟马等是病毒传播的媒体昆虫，应尽可能控制其发生数量，减少传毒。可因时因地采取彻底清除杂草、空棚采用高温或用辣根素等药剂熏蒸处理、设置防虫网、挂设黄板或蓝板、针对性喷施药剂等行之有效的措施。

6 真菌病害有何特点?

真菌病害种类多，分布广，症状表现、发生规律差异大，防治技术与措施差异更大。真菌可通过风、雨、昆虫、土壤及人的活动等媒介传播，产生形态各异的繁殖体——孢子。在气候条件适宜时孢子萌发形成芽管，通过植株的气孔、水孔、皮孔、伤口侵入，也可从表皮直接侵入。真菌病害的初侵染来源是带病的种子、苗木、田间病株、病残体、带菌土壤、肥料、昆虫介体等。真菌性病害一般具有明显的特征，如粉状物（白粉等）、霉状物（黑霉、灰霉、青霉、绿霉等）、锈状物、颗粒状物、丝状物、核状物等。这些特征是识别真菌病害的主要依据，常见的真菌性病害有霜霉病、灰霉病、白粉病、炭疽病、早疫病、晚疫病、锈病、立枯病、猝倒病、黑斑病、枯萎病、根腐病、菌核病等。

7 真菌病害的常见症状

真菌病害的类型、种类繁多，引起的病害症状千变万化。但只要是真菌病害，无论发生在什么部位，症状表现如何，在潮湿的条件下都有菌丝、孢子产生。主要症状表现有以下几种：

（1）**霉斑**。霉斑是真菌病害常见症状，可分为霜霉、黑霉、灰霉、青霉、绿霉等。如蔬菜的霜霉病、灰霉病；番茄

图7-1 黄瓜霜霉病

图7-2 茼蒿霜霉病　图7-3 芹菜早疫病　图7-4 花椰菜黑斑病
图7-5 番茄早疫病　图7-6 番茄灰霉病　图7-7 番茄晚疫病
图7-8 番茄灰霉病　图7-9 番茄叶霉病　图7-10 番茄叶霉病　图7-11 番茄灰霉病

的早疫病、叶霉病、晚疫病；葱紫斑病；十字花科蔬菜黑斑病等（图7-1～图7-11）。

（2）粉斑。常见粉斑有白粉，如多种蔬菜白粉病；锈粉，如菜豆、花椒锈病等；黑粉，如洋葱、姜黑粉病等（图7-12～图7-23）。

（3）坏死。在叶片上表现为叶斑和叶枯，叶斑因形状、颜色、大小不同可分为轮斑，即病斑上有清晰轮纹，如番茄早疫病、炭疽病等；叶斑的坏死组织可以脱落而形成穿孔，如炭疽病；病斑可以形成多角形和不规则形，如蔬菜霜霉病、茄子褐纹病、芹菜斑枯病等。在蔬菜苗期表现为猝倒病和立枯病，幼苗沿地面茎基部坏死缢缩致幼苗倒伏（图7-24～图7-37）。

（4）粒状物。在病部产生大小、形状、色泽、排列等各种

不同的粒状物。有的粒状物小，不易组织分离，如分生孢子器等；有的粒状物较大，如菌核病的菌核等。（图7-38～图7-47）

（5）绵状物。多呈棉絮状，如茄子绵疫病、番茄疫病、蔬菜根霉腐烂等（图7-48～图7-56）。

（6）萎蔫。萎蔫是植物的维管束病害或根部受害，如茄果类蔬菜的枯萎病、黄萎病，发病植株的横切面可见维管束（即植株内部的“筋”）变为浅褐至黑褐色。（图7-57～图7-70）

（7）腐烂。腐烂是植物组织大面积被病菌分解和破坏。根、茎、花、果均可发生腐烂，幼嫩和多汁多肉的组织更容易发生。腐烂分湿腐和干腐，如黄瓜疫病病瓜、番茄灰霉病烂果、菌核病烂果多为湿腐；发病植株的根、茎、花腐烂多为干腐（图7-71～图7-87）。

（8）肿瘤。少数低等真菌可以引起作物受害组织肿大畸形（图7-88～图7-92）。

图7-12 花椒锈病

图7-13 甜瓜白粉病

图7-14 西瓜白粉病

图7-15 草莓白粉病

图7-16 草莓白粉病

图7-17 草莓白粉病

图7-18 番茄白粉病

图7-19 黄瓜白粉病

图7-20 甜椒白粉病

图7-21 白菜白粉病

图7-22 白菜白粉病

图7-23 姜黑粉病

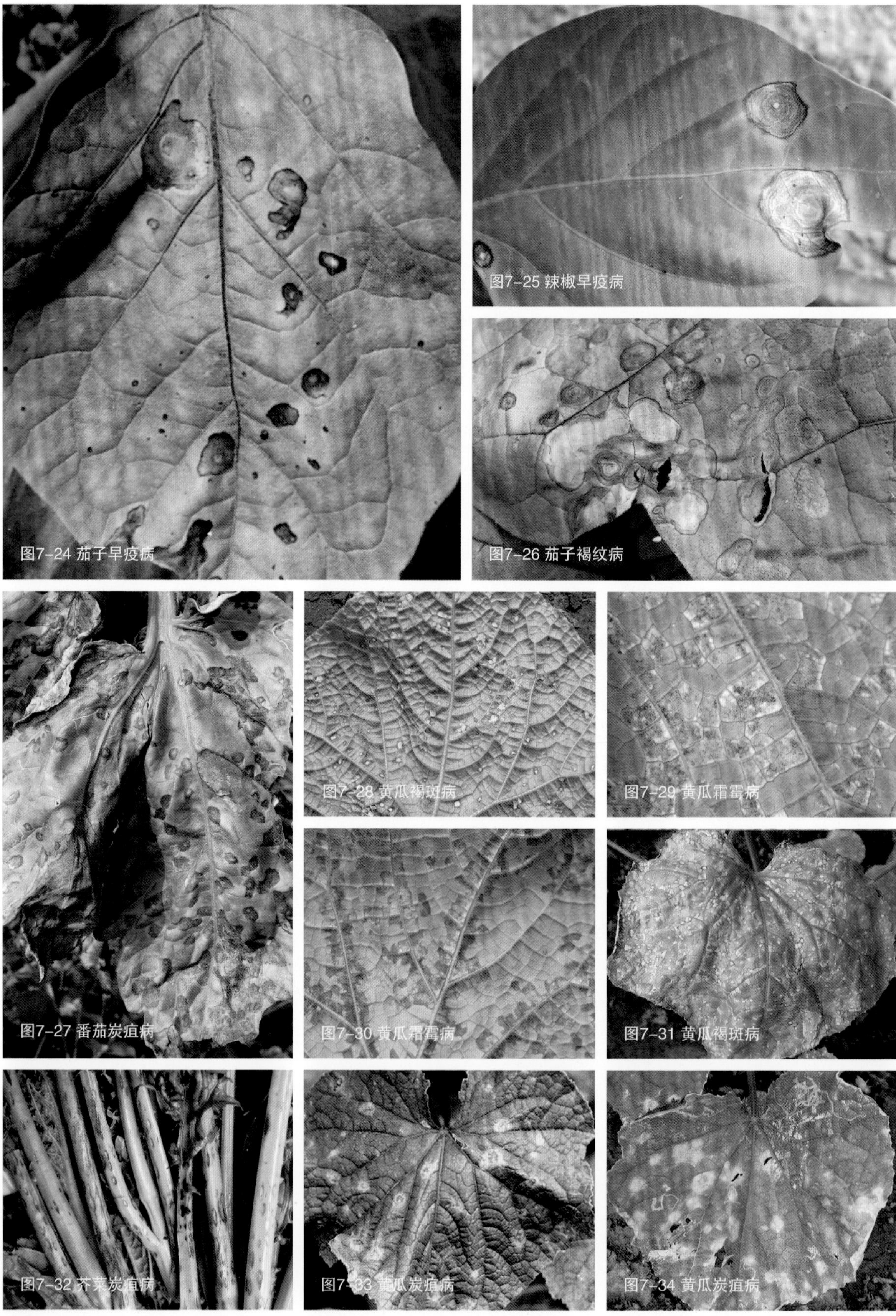

图7-24 茄子早疫病

图7-25 辣椒早疫病

图7-26 茄子褐纹病

图7-27 番茄炭疽病

图7-28 黄瓜褐斑病

图7-29 黄瓜霜霉病

图7-30 黄瓜霜霉病

图7-31 黄瓜褐斑病

图7-32 芥菜炭疽病

图7-33 黄瓜炭疽病

图7-34 黄瓜炭疽病

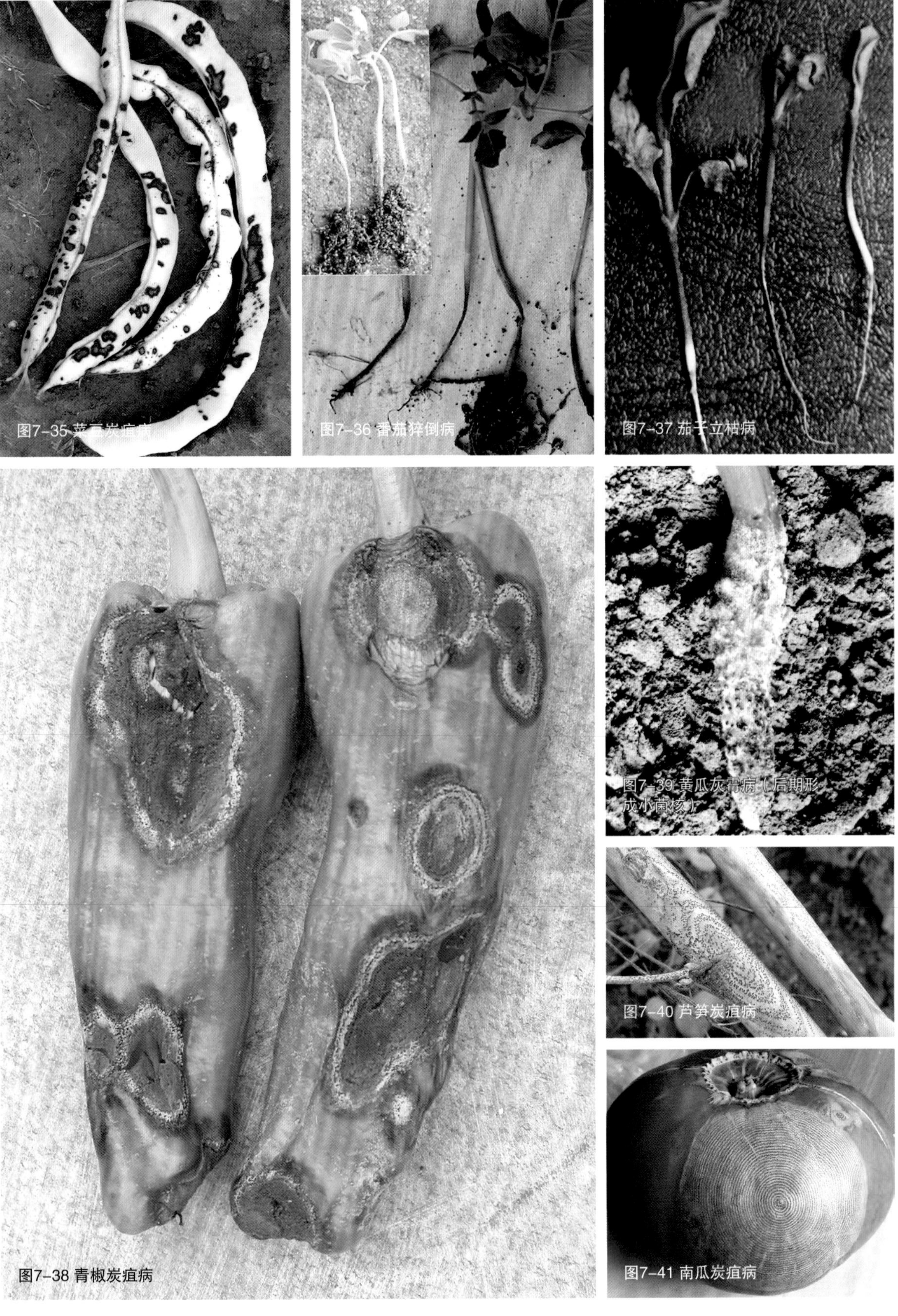

图7-35 菜豆炭疽病

图7-36 番茄猝倒病

图7-37 茄子立枯病

图7-38 青椒炭疽病

图7-39 黄瓜灰霉病（后期形成小菌核）

图7-40 芦笋炭疽病

图7-41 南瓜炭疽病

图7-42 茄子褐纹病

图7-43 甜瓜蔓枯病

图7-44 甜瓜蔓枯病

图7-45 番茄菌核病

图7-46 甜瓜菌核病后期

图7-47 大葱白腐病

图7-48 西葫芦根霉病

图7-49 番茄菌核病

图7-50 番茄绵疫病

图7-51 番茄腐霉腐烂病

图7-52 番茄镰刀菌腐烂病

图7-53 茄子绵疫病

图7-54 苦菊菌核病

图7-55 苦菊菌核病

图7-56 羽衣甘蓝菌核病

图7-57 黄瓜枯萎病

图7-58 黄瓜枯萎病

图7-59 黄瓜枯萎病 病茎

图7-60 番茄枯萎病

图7-61 番茄枯萎病 病茎

图7-62 茄子黄萎病 病叶

图7-63 茄子黄萎病病茎

图7-64 茄子黄萎病

图7-65 甘蓝枯萎病 病叶

图7-66 甘蓝枯萎病 病茎

图7-67 甘蓝枯萎病

图7-68 甘蓝枯萎病

图7-69 番茄疫病

图7-70 番茄疫病

图7-71 黄瓜灰霉病

图7-72 番茄灰霉病

图7-73 黄瓜菌核病

图7-74 甜瓜菌核病

图7-75 生菜菌核病

图7-76 辣椒疫病

图7-77 番茄疫病

图7-78 番茄酸腐病

图7-79 番茄炭疽病

图7-80 番茄晚疫病

图7-81 黄瓜疫病

图7-82 黄瓜疫病

图7-83 黄瓜根腐病

图7-84 番茄疫病

图7-85 彩椒炭疽病

图7-86 南瓜根腐病

图7-87 彩椒黑斑病

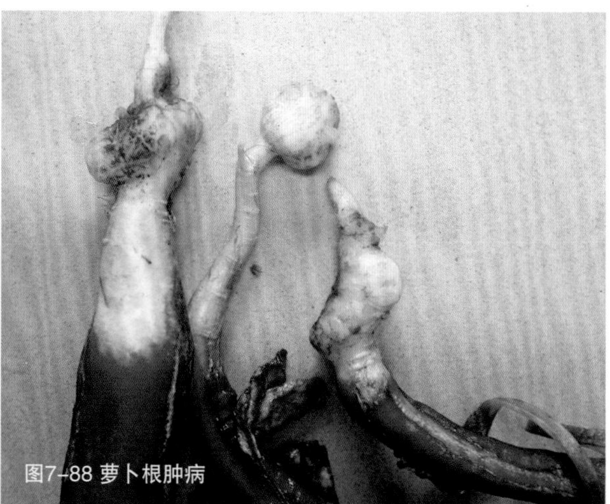
图7-88 萝卜根肿病

图7-89 番茄根肿病初期

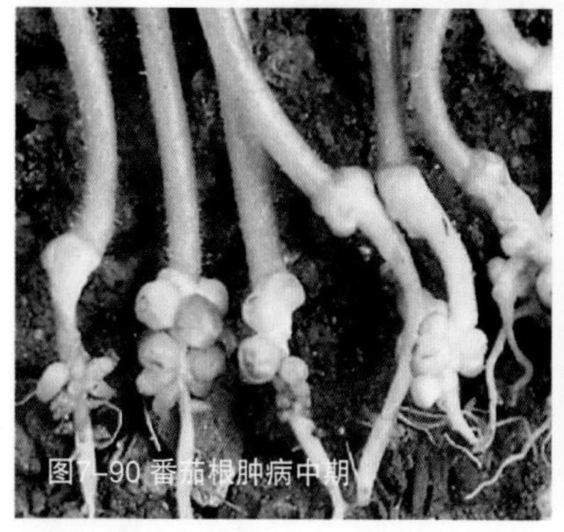
图7-90 番茄根肿病中期

图7-91 番茄根肿病中后期

图7-92 白菜根肿病

8 真菌病害可以分几类？在发生和防治方面有什么不同？

根据真菌病害的传播方式的不同可分为气传病害、土传病害、种传病害；根据病害对发病条件的要求差异可分为低温高湿型病害、高温中湿型病害、高温高湿型病害；根据病菌的浸染部位不同可分为根部病害、地上部病害；根据病菌的进化程度可分为低等真菌病害和高等真菌病害。气传病害的初始病原多为设施表面带菌和病残体带菌，引起植株地上部发生病害；土传病害病菌主要在土壤中存活，是引发根部病害的主要原因；种传病害主要是种子带菌，主要引起苗期地上部发病和部分根部病害，如蔬菜枯萎病、黄萎病等。低等真菌病害通常对环境条件要求要苛刻一些，高等真菌病害对环境要求不太严格，发生规律更加复杂。

防治气传病害重点注意带病残体的彻底清除并集中进行无害处理，在蔬菜定植前进行棚室表面消毒灭菌。防治土传病害最好是进行土壤消毒处理，可选用日光高温消毒、辣根素生物熏蒸或针对性药剂处理；土传病害还需特别警惕带病菜苗人为传播。防治种传病害当然是进行种子处理，可用种衣剂进行种子包衣，或用专用药剂浸种处理。防治低温高湿型病害在管理方面应在发病后尽量提高管理温度和降低湿度；对高温中湿型病害则很难通过管理措施进行控制；防治高温高湿型病害在管理方面应重点加强通风降湿的田间管理。防治低等真菌病害通过光、水和棚室温湿度管理调控可以发挥明显作用，多数低等真菌病害对铜制剂敏感；高等真菌病害防治相对较难，必须具有很强的针对性，对农药要求也不一样。

9 细菌病害有何特点？

细菌病害多由种子带菌而引起的，田间多表现为系统染病，整株带菌。细菌不能直接侵染寄主，多依靠自然孔口，如植株的气孔、水孔、皮孔和害虫或人为造成的伤口侵入。细菌主要通过水传播，害虫身体和田间农事操作可以粘附传带。防治细菌病害有类似的防治方法。

10 细菌病害主要表现什么症状?

植物细菌病害主要症状有以下几种:

(1) 斑点。植物由细菌侵染引起的病害中，有相当数量出现斑点症状。如黄瓜细菌性角斑病、大白菜细菌性角斑病等（图10-1～图10-5）。

(2) 叶枯。由一些细菌侵染引起的植物病害，最终导致叶片枯萎。如黄瓜细菌性叶枯病、甘蓝黑腐病等（图10-6～图10-14）。

(3) 青枯。一些细菌侵染植物维管束，阻塞输导组织，致使植物茎、叶枯萎。如番茄青枯病、茄子青枯病、草莓青枯病等（图10-15、图10-16）。

(4) 溃疡。一些细菌侵染植物后期病斑木栓化，边缘隆起，中心凹陷呈溃疡状。如菜用大豆细菌性斑疹病、辣椒疮痂病、番茄果实细菌性斑疹病等（图10-17、图10-18）。

图10-1 甜瓜叶斑病

图10-2 甘蓝角斑病

图10-3 甘蓝角斑病

图10-4 辣椒疮痂病

图10-5 黄瓜细菌泡泡病

图10-6 黄瓜角斑病

图10-7 黄瓜角斑病

图10-8 黄瓜[illegible]枯病

（5）腐烂。多数腐烂是由欧文氏杆菌侵染植物后引起的。如大白菜细菌性软腐病、茄科及葫芦科蔬菜的细菌性软腐病等（图10-19～图10-27）。

图10-9 豇豆细菌疫病

图10-10 番茄缘枯病

图10-11 白菜黑腐病

图10-12 甘蓝黑腐病

图10-13 花椰菜角斑病

图10-14 花椰菜黑腐病

图10-15 番茄青枯病

图10-16 番茄溃疡病

图10-17 番茄疮痂病

图10-18 辣椒疮痂病

图10-19 大白菜软腐病

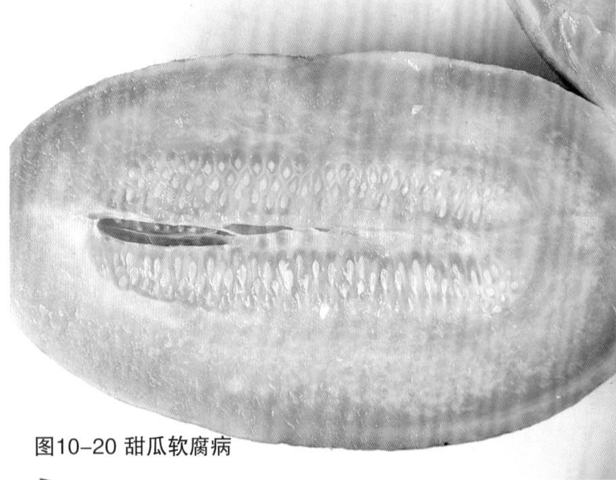
图10-20 甜瓜软腐病

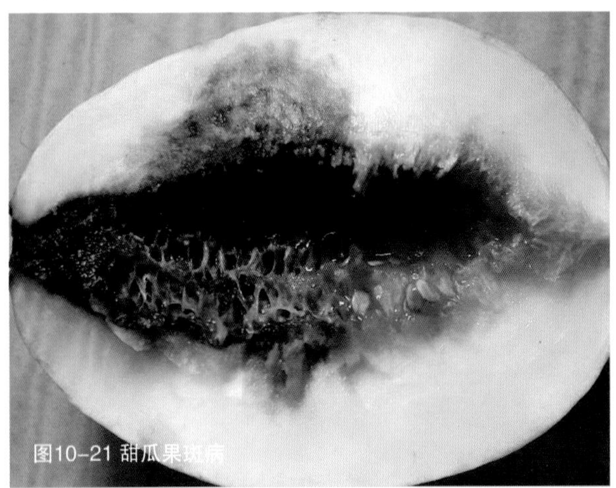
图10-21 甜瓜果斑病

图10-22 茄子软腐病

图10-23 紫甘蓝软腐

图10-24 番茄软腐病

图10-25 甜瓜软腐病

图10-26 黄瓜角斑病

图10-27 萝卜软腐病

11 常见的细菌病害有哪些？

蔬菜上常见的细菌病害有：十字花科蔬菜软腐病、黑腐病、角斑病、斑点病；黄瓜角斑病；西瓜叶斑病、果斑病；甜瓜叶斑病；番茄溃疡病、疮痂病；辣（青）椒疮痂病、叶斑病、青枯病；菜豆火烧病；生菜叶斑病等（图11-1～图11-21）。

图11-1 甘蓝黑腐病

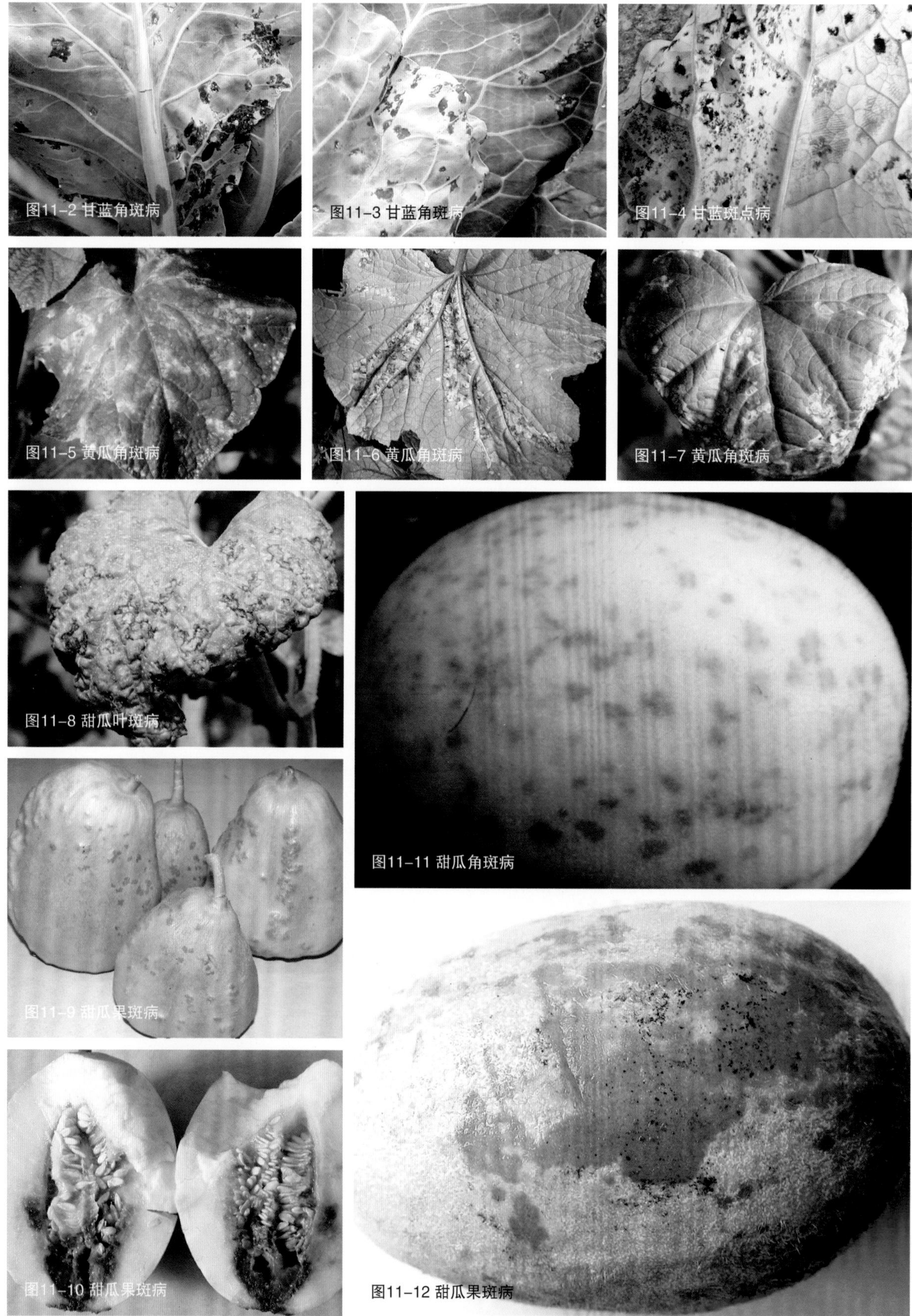

图11-2 甘蓝角斑病

图11-3 甘蓝角斑病

图11-4 甘蓝斑点病

图11-5 黄瓜角斑病

图11-6 黄瓜角斑病

图11-7 黄瓜角斑病

图11-8 甜瓜叶斑病

图11-9 甜瓜果斑病

图11-10 甜瓜果斑病

图11-11 甜瓜角斑病

图11-12 甜瓜果斑病

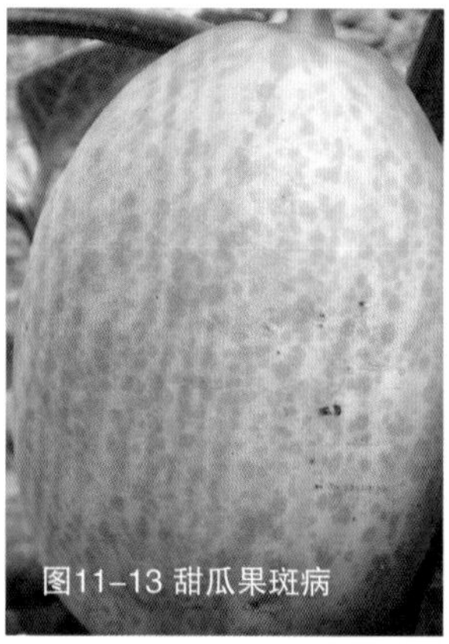

图11-13 甜瓜果斑病

图11-14 番茄溃疡病

图11-15 番茄溃疡病

图11-16 西瓜叶斑病

图11-17 番茄溃疡病

图11-18 番茄溃疡病

图11-19 番茄溃疡病

图11-20 番茄溃疡病

图11-21 辣（青）椒叶斑病

12 防治细菌病害应注意什么？

由于种子带菌，进行种子处理是防治病害的有效措施；由于细菌可以通过水传播，凡是与水有关的栽培措施与农事操作都对病害发生有直接影响，所以防治细菌病害宜采取高垄深沟、地膜覆盖栽培，发病期不宜浇大水，最好待田间露水干后进地操作农事；由于细菌多从伤口侵染，减少因病虫或人为造成的机械伤口和生理伤口是非常重要的，所以，预防可以造成明显伤口的食叶害虫、避免田间操作给作物造成机械伤口、避免长时间控水和猛浇大水形成生理裂口以及不恰当施肥致作物形成肥料烧伤都是十分重要的。

13 哪些药剂可以防治细菌病害？

可用于防治作物细菌病害的药剂有：春雷霉素、中生菌素、新植霉素、农用链霉素、金核霉素、小檗碱、噻菌铜、加瑞农、氢氧化铜、络氨铜、乙酸铜、硝基腐植酸铜、噻森铜、琥珀肥酸铜、噻唑锌、噻菌茂、叶枯唑和波尔多液等。

14 真菌病害、细菌病害和病毒病如何区别?

真菌病害一定有病斑存在于植株的各个部位，病斑形状有圆形、椭圆形、多角形、轮纹形或不定形，如黄瓜霜霉病、番茄早疫病、番茄叶霉病、茄子褐纹病等；病斑上一定有不同颜色的霉状物、粉状物或颗粒状物，颜色有白、黑、红、灰、褐等，如黄瓜白粉病、番茄灰霉病、瓜类蔓枯病等；有的真菌病害在田间没有产生病菌的霉状物或粉状物，但在室内适宜的环境条件下却一定能产生，如多种蔬菜枯萎病等。这些特征区别于细菌病害和病毒病害。

细菌病害的病斑无霉状物。斑点型和叶枯型病斑是先出现局部坏死的水渍状半透明病斑，潮湿时从叶片的气孔、

图14-1 番茄灰霉病病果（真菌）

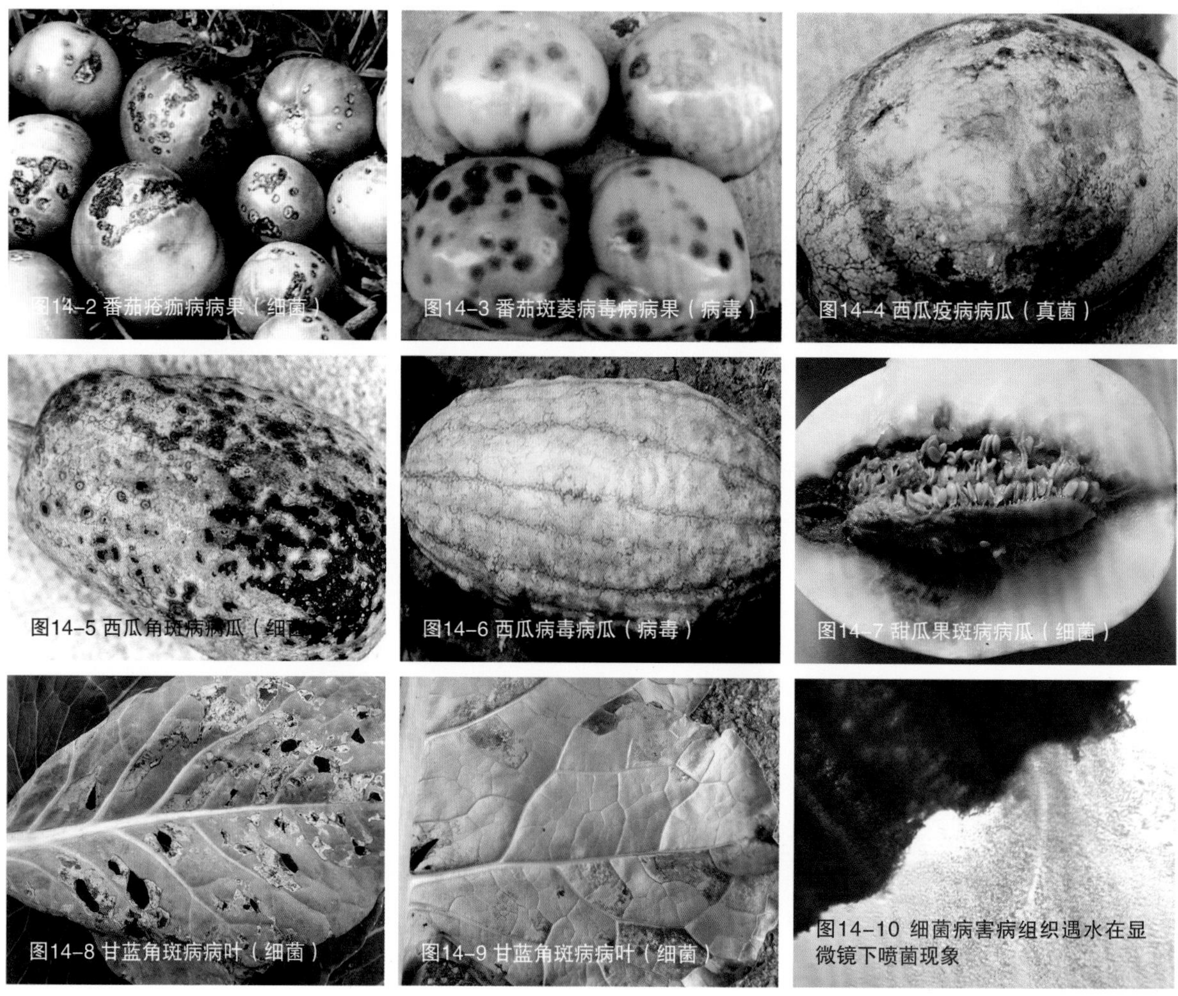
图14-2 番茄疮痂病病果（细菌）
图14-3 番茄斑萎病毒病病果（病毒）
图14-4 西瓜疫病病瓜（真菌）
图14-5 西瓜角斑病病瓜（细菌）
图14-6 西瓜病毒病瓜（病毒）
图14-7 甜瓜果斑病病瓜（细菌）
图14-8 甘蓝角斑病病叶（细菌）
图14-9 甘蓝角斑病病叶（细菌）
图14-10 细菌病害病组织遇水在显微镜下喷菌现象

水孔、皮孔及伤口上溢出大量黏状物——细菌菌液或菌脓；用刀切断青枯型和叶枯型病株病茎，观察茎部断面维管束略有变色，用手挤压可从导管中流出乳白色黏稠液——细菌菌脓，而真菌引起的枯萎病则没有，以此相区别；腐烂型细菌病害的共同特点是病部软腐、黏滑，无残留纤维，并有硫化氢臭气，而真菌引起的腐烂则有纤维残体，无臭气。

病毒侵染植物后既不会产生霉状物、粉状物、颗粒状物，也不产生菌液或菌脓，更不会软化腐烂，产生臭气。病毒多危害植株幼嫩部位，受害幼嫩植株主要表现为花叶、蕨叶、明脉、矮化、黄化、坏死斑、条斑、植株畸形等；受害果实的病毒病主要表现在果实上出现不规则坏死斑、果实畸形或果色不均匀，后期逐渐变成铁锈色，用刀剖开果实，果皮里果肉外有褐色条纹（图14-1～图14-22）。

图14-11 黄瓜霜霉病病叶（真菌）

图14-12 黄瓜霜霉病叶背病斑（真菌）

图14-13 黄瓜霜霉病病叶（真菌）

图14-14 黄瓜角斑病初期（细菌）

图14-15 黄瓜角斑病初期病叶（细菌）

图14-16 黄瓜角斑病叶背病斑（细菌）

图14-17 黄瓜角斑病菌脓（细菌）

图14-18 黄瓜角斑病病叶（细菌）

图14-19 黄瓜绿斑驳病毒病病叶（病毒）

图14-20 黄瓜角斑病整株带菌（细菌）

图14-21 黄瓜枯萎病病茎产生霉层（真菌）

图14-22 黄瓜枯萎病病茎基部产生白霉（真菌）

15 线虫为害植物为什么叫线虫病?

线虫既不是昆虫，也不是微生物，是一类很小很小像蛔虫一样的线形动物，种类有数十万种，危害蔬菜的有根结线虫、根腐线虫、肾形线虫等，根结线虫是目前为害最严重的种类。为害大豆最严重的线虫是大豆胞囊线虫，为害甘薯最严重的是甘薯茎线虫。由于线虫个体微小，肉眼看不见，为害作物后形成的症状与其他病害很难区别，所以把线虫对作物的危害习惯称为线虫病害（图15-1～图15-8）。

图15-1 根结线虫危害状

图15-2 根结线虫危害状
图15-3 大豆胞囊线虫病
图15-4 西瓜根结线虫危害状
图15-5 大豆胞囊线虫病
图15-6 大豆胞囊线虫病
图15-7 甘薯茎线虫病
图15-8 番茄根结线虫病（疑似病毒病）症状

16 线虫病害发生危害有什么特点？

线虫多从地下根部侵入植物，然后再逐步显现症状，一般早期很难发现，一旦进入植株体内很难用药剂防治，所以线虫发生危害具有很强的隐蔽性；另外，线虫一经传入，只要田间有植物线虫可以在土壤中长期存活，很难彻底消灭，所以线虫病害具有持久危害性。

17 蔬菜根结线虫病发生危害有什么特点？

蔬菜根结线虫病的特点有以下几点。

(1) 为害寄主广泛。蔬菜根结线虫可以在100多种蔬菜，数十种杂草上寄生为害。蔬菜根结线虫在京郊可为害近50种蔬菜和近30种杂草（图17-1～图17-14）。

(2) 为害损失严重。葫芦科、茄科、伞形科、菊科作物多为敏感作物，损失极其严重甚至拉秧（图17-15～图17-19）。

(3) 强内寄生。通常在线虫没有侵入植株根系前进行预防，可以收到理想效果，一旦线虫侵入植株体内就很难通过药剂把根系内的线虫杀灭。所以农民称蔬菜根结线虫病为蔬菜“癌症”（图17-20、图17-21）。

图17-1 黄瓜根结线虫病

图17-2 西瓜根结线虫病

图17-3 苦瓜根结线虫病

图17-4 豇豆根结线虫病

图17-5 番茄根结线虫病

图17-6 茄子根结线虫病

图17-7 芹菜根结线虫病

图17-8 冬瓜根结线虫病

图17-9 小白菜根结线虫病

图17-10 甜菜根结线虫病

图17-11 杂草感染根结线虫病

图17-12 杂草感染根结线虫病

图17-13 杂草感染根结线虫病

图17-14 杂草感染根结线虫病

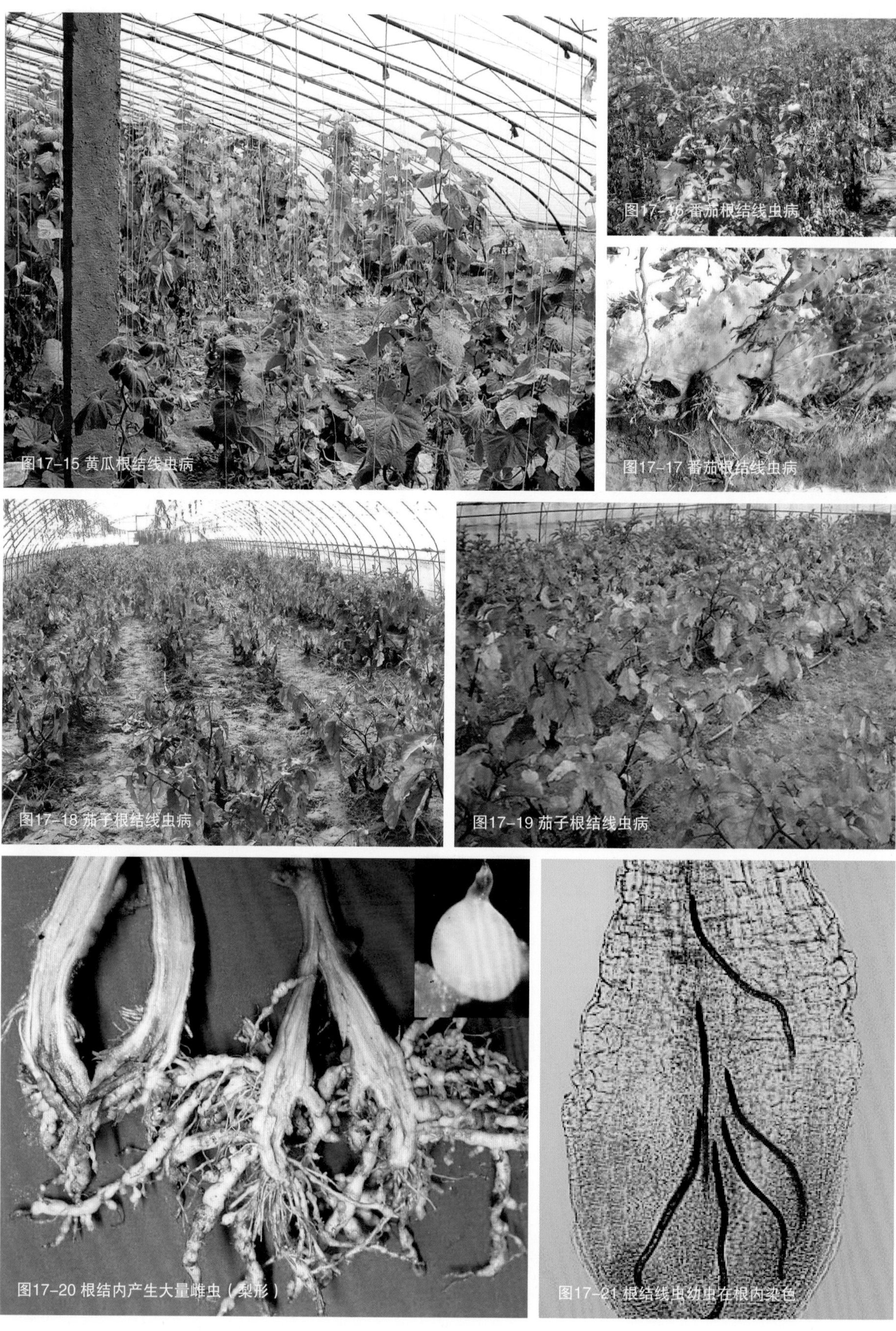

图17-15 黄瓜根结线虫病

图17-16 番茄根结线虫病

图17-17 番茄根结线虫病

图17-18 茄子根结线虫病

图17-19 茄子根结线虫病

图17-20 根结内产生大量雌虫（梨形）

图17-21 根结线虫幼虫在根内染色

18 根结线虫病是怎么传播的？

根结线虫病主要通过带病菜苗、瓜苗、树苗、花卉等其他染病植物；带病土壤；带病肥料；耕作机械；农具和人工携带等传播，种子不传带（图18-1～图18-6）。

图18-1 番茄根结线虫病病苗

图18-2 瓜苗根结线虫病病苗

图18-3 西瓜根结线虫病病苗

图18-4 大面积传播线虫的芦荟种苗

图18-5 病土传带线虫

图18-6 植株残体传带大量线虫幼虫、雌虫和卵

19 蔬菜根结线虫病的防治关键是什么?

防治蔬菜根结线虫病的关键：一是保证培育无线虫幼苗；二是实行无病定植，也就是在苗无病的基础上尽量做到定植后保证无线虫侵染。所以，基质育苗、无病客土育苗或育苗前对苗床土壤进行灭线虫处理，以及定植前对定植棚室土壤进行灭线虫处理是必须的（图19-1～图19-14）。

图19-1 无病基质育苗

图19-2 无病基质育苗

图19-3 育苗块育苗

图19-4 育苗块育苗

图19-5 育苗块育苗

图19-6 育苗块育苗

图19-7 客土育苗：外取健康土

图19-8 客土育苗：铺垫薄膜

图19-9 客土育苗：健康土铺苗床

图19-10 客土育苗：平整苗床

图19-11 客土育苗：撒施种子

图19-12 药剂处理苗床土壤

图19-13 药剂处理定植穴

图19-14 药剂处理定植沟

20 防治蔬菜根结线虫病有哪些方法?

（1）应用抗耐病品种。番茄完全可以采用仙客系列抗线虫品种代替药剂防治（图20-1、图20-2）。

（2）应用抗性砧木嫁接。黄瓜可选用耐线砧木“京欣砧5号”嫁接；西瓜可选用抗线砧木“勇砧”、耐线砧木“京欣砧4号”嫁接；茄子可选用“茄砧一号”“果砧一号”“北农茄砧”“托鲁巴姆”嫁接；番茄可选用“果砧一号”“托鲁巴姆”嫁接（图20-3～图20-7）。

（3）科学轮作防病。可采用水旱轮作、蔬菜与大田轮作、果类蔬菜与葱蒜轮作，根结线虫敏感蔬菜与非敏感蔬菜轮作。需特别注意的是，过去都认为辣椒类不感染线虫，可以

图20-1 番茄抗根结线虫品种对比试验

图20-2 系列抗根结线虫品种

和敏感蔬菜瓜类、番茄、茄子等轮作防治线虫，但经研究证明尽管辣椒类蔬菜很耐病，在种植当茬无根结线虫病症状表现，但土壤中会大量蓄积线虫，下茬如果种植瓜果豆类等敏感蔬菜损失会更加严重（图20-8～图20-10）。

（4）种植诱集植物诱杀线虫。根结线虫严重的棚室和地区，在下茬种植前撒播生菜、油麦菜、芹菜、黄瓜、番茄等线虫特别敏感的蔬菜种子，适当肥水管理，引诱线虫侵染根系，待菜苗生长30～40天，线虫在根结内生长发育尚未进入土壤前将感染线虫的根系全部仔细清除，可以显著减少线虫数量（图20-11、图20-12）。

（5）种植驱避植物驱避线虫。在换茬期间种植万寿菊等驱避植物可分泌对线虫有杀灭抑制作用的物质，可以显著减少土壤中线虫数量（图20-13）。

（6）骤冷冻棚杀灭线虫。在寒冷冬季将有线虫的棚室土壤深翻后充分浇水，短期高温管理后突然揭膜，骤然冷冻棚室杀灭线虫。要防止逐渐降温，否则线虫自然向下转移，不能进行有效杀灭（图20-14）。

（7）药剂土壤处理。选择针对线虫的药剂如淡紫拟青霉、噻唑磷（福气多）、威百亩、棉隆、丁硫克百威、爱维菌素按规定用量对带有线虫的苗床和定植棚室土壤进行处理。对

图20-3 黄瓜嫁接

图20-4 抗线砧木嫁接和自根茄子对比

图20-5 茄子嫁接

图20-6 西瓜嫁接

图20-7 番茄嫁接

图20-8 轮作防病
图20-9 轮作防病
图20-10 轮作防病
图20-11 菜苗诱集
图20-12 菜苗诱集

苗床和密植型蔬菜如生菜、芹菜等需全部均匀处理土壤，稀植型蔬菜如瓜果类蔬菜药剂以穴施或沟施效果更理想（图20-15～图20-23）。

（8）灭生性土壤处理。可选择太阳能高温处理、畜禽粪便+基质高温处理、辣根素熏蒸处理、臭氧熏蒸处理等（图20-24～图20-29）。

图20-13 趋避植物：万寿菊

图20-14 骤冷冻棚

图20-15 专用防线虫药剂

图20-16 辣根素处理

图20-17 药剂穴施效果

图20-18 药剂撒施效果

图20-19 未用辣根素处理对照植株

20-20 辣根素防治与对照植株比较

图20-21 无防治对照
图20-22 威百亩滴灌施药
图20-23 药剂防治与对照
图20-24 臭氧熏蒸处理
图20-25 臭氧处理效果
图20-26 日光基质处理效果
图20-27 辣根素滴灌施药
图20-28 辣根素滴灌施药
图20-29 日光基质高温处理

21 什么是非侵染病害，有何特点？

由于植物自身的生理缺陷、遗传性疾病或由于生长条件不适宜、受环境中有害物质影响等直接或间接因素引起的一类病害。它和侵染性病害的区别在于没有病原生物的侵染，在植物不同的个体间不能互相传染，一般称为非传染病害。

22 非侵染病害有哪些类型?

导致非侵染病害主要有化学因素、物理因素、生理因素。化学因素主要包括营养失调、水分失调、空气污染以及化学物质的药害等；物理因素主要包括温度不适、水分不适、光照不适造成植物生理缺陷等；生理因素主要包括作物不能正常生长发育、开花结果，发生生理变异、生长畸形等。

(1) 营养失调。即营养条件不适宜植物生长，包括营养缺乏、各种营养元素间的比例失调或营养过量。这些因素可以使植物表现出各种病态，一般称为缺素症或多素症。

缺素症：即植物缺乏某种元素或某种元素的比例失调，症状在植株下部老叶出现，缺氮（N）黄化，缺磷（P）紫色，缺钾（K）叶枯，缺镁（Mg）明脉，缺锌（Zn）小叶；症状在植株上部新叶出现，缺硼（B）畸形果，缺钙（Ca）

图22-1 番茄缺磷

图22-2 黄瓜缺氮
图22-3 青椒缺钙
图22-4 辣椒缺钙
图22-5 番茄缺素症
图22-6 番茄缺铁
图22-7 番茄缺钙
图22-8 番茄缺钾

芽枯，缺铁（Fe）白叶，缺硫（S）黄化，缺锰（Mn）失绿斑，缺钼（Mo）叶畸形，缺铜（Cu）幼叶萎蔫（图22-1～图22-8）。

多素症：即某些元素过量导致植物中毒，主要是微量元素过量所致，如某些人工饲料饲养牲畜产生的粪便肥害，某些微量元素肥害，盐中毒，一些药害，盐碱地种植等（图22-9～图22-13）。

（2）环境污染。主要指空气污染，水源污染，土壤污染，酸雨（SO_2+H_2O）等造成植物生长受害和大气污染对植物形成危害，如臭氧（O_3），二氧化硫（SO_2），氢氟酸（HF），过氧硝酸盐（PAN），氮化物（NO_2、NO），氯化物（Cl_2、HCl），乙烯（C_2H_4）等（图22-14～图22-16）。

（3）植物药害。即各种农药，化肥，除草剂和植物生长调节剂使用不当所造成的植物化学伤害。急性药害：在施药后2～5天发生，一般在植物幼嫩组织发生斑点或条纹斑，一般无机铜、硫制剂容易致使植物发生急性药害，如硫酸铜、石硫合剂等；慢性药害：逐渐影响植物的生长发育，通常植物幼苗和开花期比较敏感，或在高温环境下容易发生慢性药害，或除草剂、植物激素使用不当极易发生慢性药害（图22-17～图22-32）。

（4）温度不适。高温使植物灼伤，低温使植物形成寒害、冻害，温差过大致植物生长异常；温度不适会使花芽分化不正

图22-9 番茄盐害

图22-10 番茄盐害

图22-11 番茄盐害

图22-12 彩椒盐害

图22-13 番茄肥害

图22-14 污水浇灌甘蓝形成茎瘤

图22-15 污水浇灌甘蓝形成茎瘤

图22-16 番茄成株期有毒气害

常，形成“瞎花”、畸形果或造成落花落果等（图22-33～图22-42）。

（5）水分湿度不适。水淹致作物沤根，干旱使植物萎蔫，水分骤变造成作物裂果，干热风致作物卷叶等（图22-43～图22-51）。

（6）光照不适。光照过强致植物发生日灼病，光照不足使植物徒长（图22-52～图22-54）。

（7）生理因素。作物在正常气候、正常栽培管理条件下，因营养不良或个别植株、个别果实发生遗传疾病，不能正常生长发育、开发结果异常，发生生理变异、生长畸形等（图22-55～图22-64）。

（8）其他因素。如机械损伤，雹灾造成作物伤口等（图22-65）。

图22-17 番茄2,4-D药害

图22-18 番茄2,4-D药害

图22-19 番茄2,4-D药害

图22-20 除草剂药害

图22-21 木瓜杀螨剂药害

图22-22 油菜敌敌畏烟雾剂药害

图22-23 番茄2,4-D药害

图22-24 番茄2,4-D药害

图22-25 人参果2.4-D药害

图22-26 黄瓜药害

图22-27 普力克高温药害

图22-28 除草剂药害

图22-29 草莓药害

图22-30 番茄除草剂药害

图22-31 番茄药害

图22-32 番茄药害

图22-33 低温造成番茄生理落果

图22-34 番茄生理热害

图22-35 番茄生理热害

图22-36 番茄花荷期生理热害

图22-37 黄瓜低温萎蔫

图22-38 番茄寒害

图22-39 番茄芽枯病（生理热害）

图22-40 茄子高温热害

图22-41 番茄苗期低温形成畸形果

图22-42 黄瓜寒害

图22-43 生菜涝害

图22-44 生菜涝害

图22-45 黄瓜沤根

图22-46 豇豆雨后干热
图22-47 豇豆雨后干热
图22-48 黄瓜缺水（花打顶）
图22-49 番茄空心果（缺水）
图22-50 番茄纵裂果（浇水不适）
图22-51 番茄环裂果（浇水不适）
图22-52 茄子日烧病
图22-53 番茄日烧病
图22-54 甜椒日烧病

图22-55 黄瓜化瓜

图22-56 黄瓜生理变色

图22-57 茄子生理畸形

图22-58 番茄生理变异枝

图22-59 黄瓜无心苗

图22-60 草莓生理变异

图22-61 草莓生理畸形

图22-62 草莓生理畸形

图22-63 黄瓜生理畸形

图22-64 草莓生理畸形

图22-65 甜瓜浇水后瓜蒂拉伤

23 怎么判断识别非侵染病害？

通过现场调查或实地观察，排除属于侵染病害的可能性，非侵染病害的主要特点有以下几点。

（1）非侵染病害没有病症。即没有任何霉状物、粉状物、颗粒状物，也不产生菌液、菌脓，不产生任何气味。

（2）非侵染病害成片发生。在田间往往分布普遍，或具有一定规律性，或在植株生长时期、发生部位、节位表现一致。

（3）非侵染病害没有传染性。在田间绝对不会传播。

图23-1 黄瓜药害

图23-2 薄荷辣根素药害

图23-3 番茄营养失调

图23-4 辣椒病毒病

(4) **非侵染病害可以恢复**。在田间一旦消除影响因素，植物将恢复正常状态。

(5) **生理病害与病毒病区别**。生理性病害与病毒病因为都没有病症，很容易混淆，区别是：一般病毒病在田间分布是零星的、分散的，且病株周围可以发现健康植株，植株间发生程度多有差异；生理病害常常成片发生，田间发生分布较普遍、均匀，受害时期、部位、症状表现一致（图23-1～图23-4）。

24 非侵染病害如何防治?

非侵染病害由于不是由病原侵染引起的，在田间不传染，只有查明发生原因后，为今后预防积累经验。如果已经大面积发生，只能针对性采取补救措施，减少其损失。是生理因素引起的非侵染病害可通过更换适宜品种来增强作物的适应性和抗逆性；如果是环境造成的只有通过改善环境条件，提供适宜的土壤、温度、光照和水分等环境条件，维持作物正常生长发育。

通常，除营养失调、环境不适形成的非侵染病害可以采取一些补救措施，环境污染和各种药害一旦形成，很难有效防治。

25 食叶害虫发生危害有什么特点?

以幼虫取食叶片的害虫，常把植株叶片咬成缺口或仅留叶脉，甚至全部吃光，少数害虫潜入叶内，取食叶肉组织，或在叶面形成虫瘿，如菜青虫、小菜蛾、甜菜夜蛾、菜叶蜂、黏虫等。食叶害虫多数裸露生活，个体数量相对较少，容易看到，由卵孵化而来，低龄时期对药剂敏感；通常蛾类害虫种类多，成虫多具有趋光性（图25-1～图25-9）。

图25-1 甜菜夜蛾为害状

图25-2 小菜蛾为害状

图25-3 小菜蛾为害状

图25-4 甜菜夜蛾为害状

图25-5 甜菜夜蛾为害生菜

图25-6 小菜蛾为害状

图25-7 小菜蛾为害状

图25-8 小菜蛾为害状

图25-9 小菜蛾为害状

26 怎样防治食叶害虫效果更理想？

（1）**低龄期施药**。在害虫低龄时期适时进行药剂防治。通常害虫在3龄前容易被杀灭，适宜选用具有触杀、胃毒作用的杀虫剂品种喷雾防治。

（2）**特殊时间段施药**。根据害虫生活习性在害虫外出取食的时间段施药。如防治棉铃虫、甜菜夜蛾宜在日出前和傍晚施药。

（3）**诱杀成虫**。对虫龄极端不整齐或世代重叠极易产生抗药性、对于药剂很难防治的害虫，采用杀虫灯或性诱剂诱杀

图26-1 灯光诱杀

成虫（图26-1～图26-9）。

(4) 人工除蛹。在幼虫化蛹后人工除蛹。如人工集中消灭十字花科蔬菜植株残体上的菜青虫、小菜蛾的蛹；深翻土地清除甜菜夜蛾、棉铃虫、黏虫在土壤中的蛹等（图26-10～图26-14）。

图26-2 太阳能杀虫灯诱

图26-3 性诱剂诱杀

图26-4 性诱剂诱杀

图26-5 性诱剂诱杀效果

图26-6 性诱剂诱杀

图26-7 性诱剂诱杀效果

图26-8 性诱剂诱杀效果

图26-9 灯光诱杀效果

图26-10 小菜蛾蛹

图26-11 菜青虫蛹

图26-12 茴香凤蝶蛹

图26-13 菜叶蜂蛹（在地下）

图26-14 甜菜夜蛾和甘蓝夜蛾蛹（在地下）

27 小型害虫发生危害有什么特点？

以口针吸食植物汁液的一类个体很小的害虫，如粉虱类、蚜虫类、蓟马类和害螨类。少量个体危害一般见不到受害状，害虫较多时使叶片褪绿、变黄，甚至萎蔫、枯死或造成落叶、落花、落果，有的形成花斑，有的造成皱缩、矮化、畸形或形成僵果（图27-1～图27-54）。

小型害虫个体很小，繁殖速度快，为害比较隐蔽，发现作物受害时数量往往已经很大，不容易彻底防除。小型害虫常传播多种病毒病。

图27-1 烟粉虱形成的霉污病

图27-2 烟粉虱形成的霉污病

图27-3 烟粉虱形成的霉污病

图27-4 蚜虫为害草莓

图27-5 蚜虫为害韭菜

图27-6 烟粉虱形成的霉污病

图27-7 蚜虫为害黄瓜

图27-8 蚜虫形成的霉污病

图27-9 斑潜蝇为害状

图27-10 斑潜蝇为害状

图27-11 斑潜蝇为害状

图27-12 红蜘蛛为害架豆叶片

图27-13 红蜘蛛为害彩色甜椒植株

图27-14 红蜘蛛为害架豆叶片

图27-15 红蜘蛛为害彩色甜椒叶片

图27-16 红蜘蛛为害黄瓜瓜条

图27-17 红蜘蛛为害黄瓜瓜条

图27-18 红蜘蛛为害黄瓜叶片

图27-19 红蜘蛛为害西瓜

图27-20 红蜘蛛为害芹菜叶片

图27-21 瓜条上红蜘蛛放大

图27-22 红蜘蛛群体放大图

图27-23 红蜘蛛显微放大图

图27-24 红蜘蛛放大图

图27-25 二斑叶螨显微放大图

图27-26 花蓟马为害黄瓜花
图27-27 蓟马为害菜豌豆叶片
图27-28 蓟马为害韭菜叶片
图27-29 蓟马为害番茄形成僵果
图27-30 蓟马为害番茄形成僵果
图27-31 蓟马为害茄子叶片
图27-32 西花蓟马为害甜椒花
图27-33 蓟马为害水果黄瓜瓜条
图27-34 管蓟马为害荷兰豆
图27-35 蓟马为害南瓜花
图27-36 蓟马为害架豆豆荚
图27-37 蓟马为害水果黄瓜瓜条

图27-38 茶黄螨为害普通番茄受害状

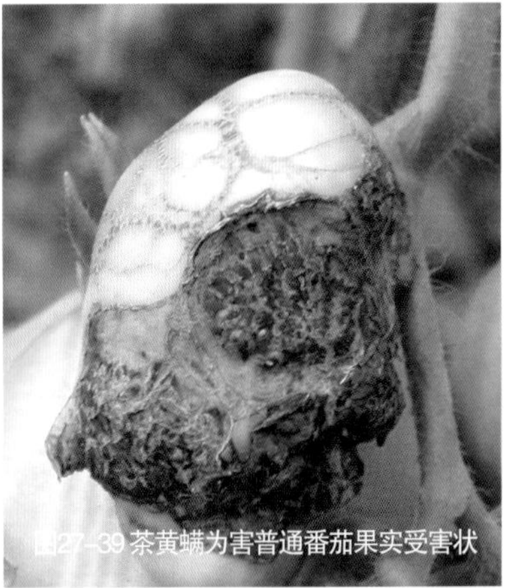
图27-39 茶黄螨为害普通番茄果实受害状

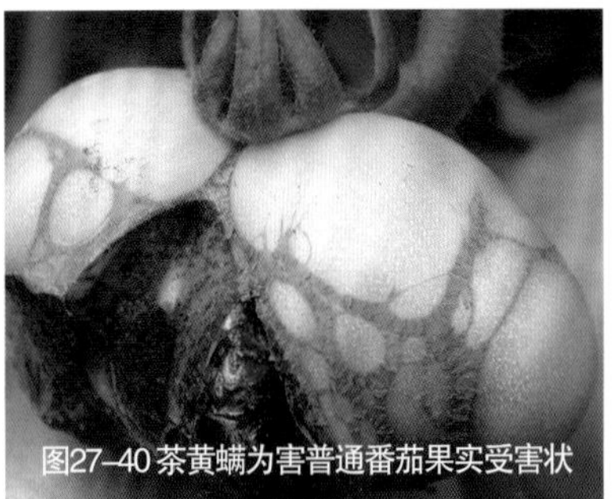
图27-40 茶黄螨为害普通番茄果实受害状

图27-41 茶黄螨为害普通番茄果实受害状

图27-42 茶黄螨为害樱桃番茄受害状

图27-43 茶黄螨为害樱桃番茄果实受害状

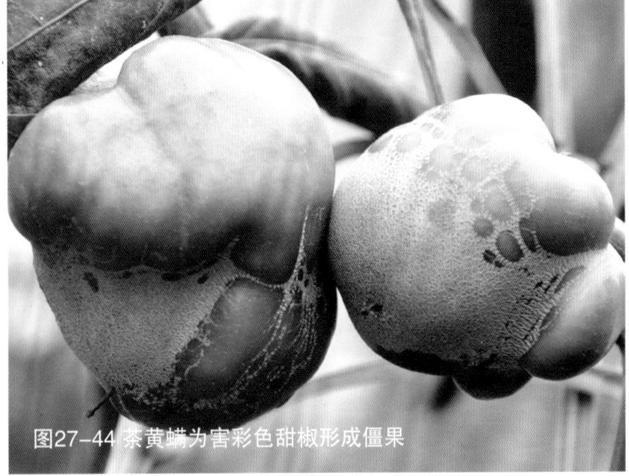
图27-44 茶黄螨为害彩色甜椒形成僵果

图27-45 茶黄螨为害彩色甜椒受害状
图27-46 茶黄螨为害彩色甜椒形成僵果
图27-47 茶黄螨为害辣椒形成僵果
图27-48 茶黄螨为害辣椒受害状
图27-49 茶黄螨为害茄子形成僵果
图27-50 茶黄螨为害茄子形成僵果
图27-51 茶黄螨为害茄子形成开花馒头
图27-52 茶黄螨为害黄瓜嫩叶形成勺状
图27-53 茶黄螨放大图
图27-54 茶黄螨显微放大图

28 怎样防治小型害虫？

(1) 选择适宜药剂。 防治小型害虫最好选用兼具有触杀、熏蒸和内吸性的药剂，没有三重性能的药剂最好选择内吸性药剂防治。

(2) 源头控制。 种植前彻底清除田间周边杂草，空棚采取高温闷棚，或采用辣根素或敌敌畏等药剂熏蒸杀灭（图28-1～图28-6）。

(3) 物理防控。 棚室门口和通风口设置防虫网，在棚室内挂设黄板或蓝板进行诱杀（图28-7～图28-9）。

图28-1 清除杂草

图28-2 辣根素常温烟雾施药熏蒸大棚

图28-3 辣根素超低量喷雾熏蒸温室

图28-4 辣根素常温烟雾施药熏蒸温室

图28-5 敌敌畏烟雾剂熏蒸棚室

项 目	白粉病		红蜘蛛		蚜 虫	
	发病日期	发病率	发生日期	虫株率	发生日期	虫株率
对照棚	9月中	100%	12月上	70%	10月中上	86%
消毒棚	10月上	32%	12月下	12.5%	10月下	17%

图28-6 辣根素对草莓棚室消毒效果

图28-7 在出入口设施防虫网

图28-8 通风口设置防虫网

图28-9 挂设蓝板和黄板

29 钻蛀性害虫发生危害有何特点？

以幼虫钻蛀作物菜心、果实、茎秆的一类害虫，如棉铃虫、烟青虫、菜螟、玉米螟、豆荚螟、豆野螟、大豆食心虫、地老虎等，多造成幼茎折断，果实脱落、腐烂。钻蛀性害虫往往在钻蛀前不易发现，钻蛀后很难防治（图29-1～图29-9）。

图29-1 棉铃虫为害番茄果实

图29-2 棉铃虫为害番茄果实

图29-3 棉铃虫为害番茄茎秆

图29-4 玉米螟为害甜玉米

图29-5 玉米螟为害甜玉米

图29-6 玉米螟为害状

图29-7 玉米螟为害状

图29-8 烟青虫、桃蛀螟钻蛀为害状

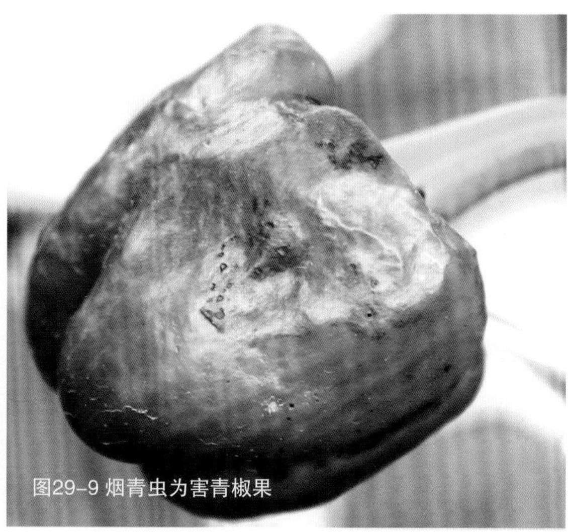
图29-9 烟青虫为害青椒果

30 怎样防治钻蛀性害虫？

（1）**蛀前施药**。根据害虫生活习性，药剂防治必须在钻蛀之前进行。如为害辣椒和青椒的烟青虫在3龄蛀果后只要食料充足，始终在果实内取食。

（2）**诱杀成虫**。采用杨树枝、性诱剂或杀虫灯诱杀成虫（图30-1、图30-2）。

（3）**人工除蛹**。在田间没有幼虫为害以后深翻土地清除在地下的虫蛹（图30-3）。

图30-1 太阳能杀虫灯诱杀

图30-2 性诱剂诱杀

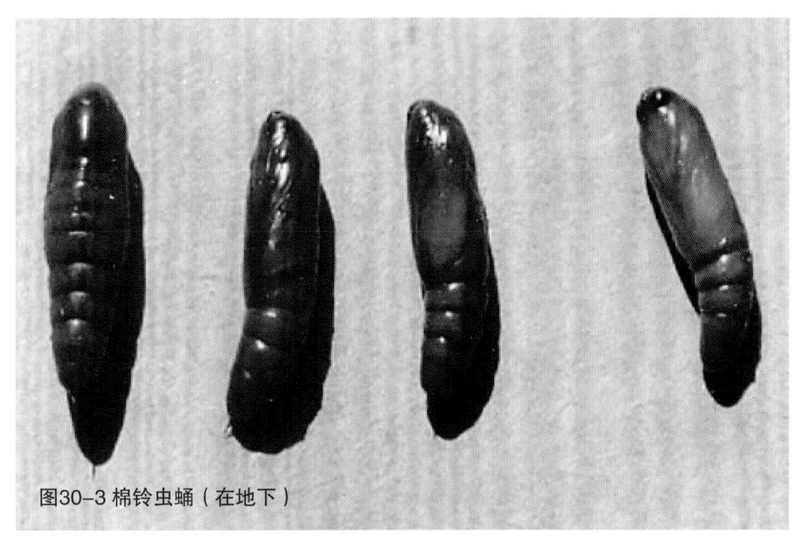
图30-3 棉铃虫蛹（在地下）

31 地下害虫发生危害有何特点？

地下害虫是指在土中为害作物种子、幼苗地下部分或根茎部的杂食性害虫。种类很多，主要有蝼蛄、蛴螬、金针虫、地老虎和根蛆等，为害作物后造成萎蔫、枯死甚至缺苗断垄。多昼伏夜出，有的以幼虫为害，有的成虫、幼虫均为害。冬、夏条件不适宜时向深层移动。春秋由深层向表层上移，深耕、浇水、施肥直接影响害虫发生（图31-1～图31-14）。

图31-1 韭蛆为害状

图31-2 韭蛆（葱蝇）为害韭菜

图31-3 韭蛆（韭菜迟眼蕈蚊）为害韭菜

图31-4 蛴螬为害番茄幼株

图31-5 葱蝇幼虫

图31-6 韭蛆幼虫

图31-7 蛴螬为害番茄幼株

图31-8 蛴螬为害番茄幼株

图31-9 蛴螬为害番茄幼株

图31-10 蛴螬为害番茄幼株

图31-11 蛴螬成虫（金龟子）

图31-12 蛴螬成虫（金龟子）

图31-13 金针虫为害茄子

图31-14 金针虫为害番茄

32 怎样防治地下害虫?

（1）**药剂处理**。采用药剂种子处理，或施用颗粒剂、撒毒土防治。可选用敌百虫可湿性粉剂、辛硫磷颗粒剂、毒死蜱颗粒剂等（图32-1、图32-2）。

（2）**毒饵诱杀**。作物生长期采用毒饵诱杀。可选用敌百虫可湿性粉剂、乐果乳油、辛硫磷乳油、毒死蜱乳油和炒香的麦麸或豆饼等制作饵料撒施在幼苗基部进行诱杀。

（3）**灯光诱杀**。蝼蛄、蛴螬、地老虎和根蛆成虫采用杀虫灯诱杀（图32-3～图32-7）。

图32-1 种衣剂种子包衣

图32-2 制作毒土

图32-3 诱虫灯诱杀

图32-4 杀虫灯诱虫效果

图32-5 灯光诱杀韭蛆成虫

图32-7 双光自控杀虫灯诱杀

图32-6 灯光诱杀韭蛆成虫

2 病虫源头控制实用技术

病虫最初是从哪里来的?

跟沙氏和流感病毒流行一样，如果没有沙氏和流感病毒存在是不会闹沙氏和流感的。作物发生病虫也是一样，如果作物生长期间没有病菌、害虫存在，病虫不可能发生。可能传带病虫的途径有：种子、菜苗、棚室表面、空气、土壤、肥料、灌溉水和作物植株残体（图1-1～图1-16）。

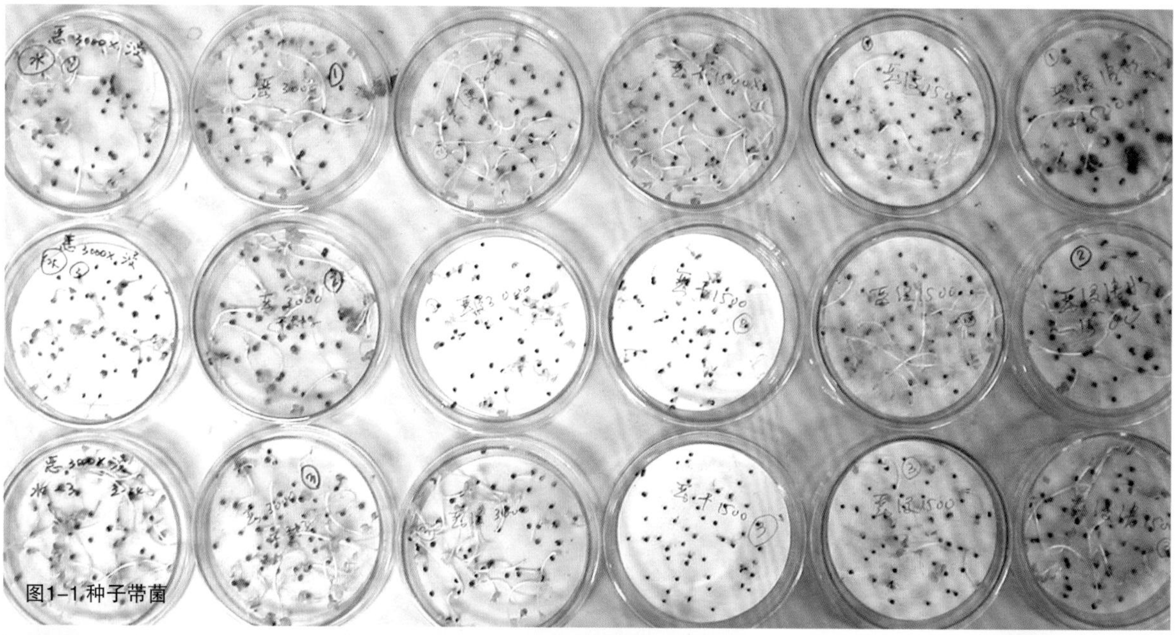

图1-1 种子带菌

图1-2 瓜苗根结线虫病病根

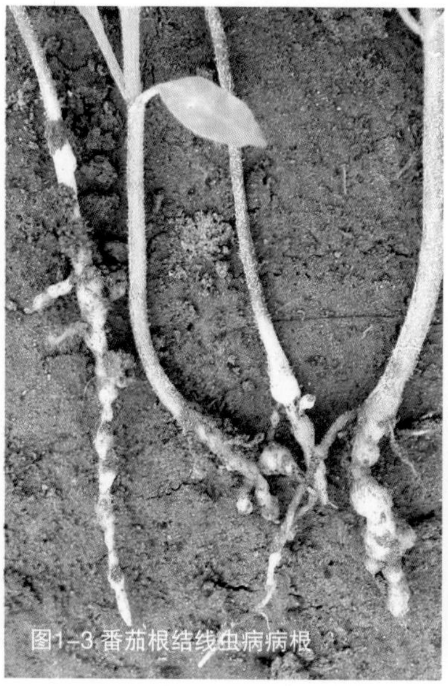

图1-3 番茄根结线虫病病根

图1-4 混栽直接传播病虫

图1-5 混栽直接传播病虫

图1-6 番茄根结线虫病病根

图1-7 芹菜根结线虫病病根

图1-8 黄瓜苗炭疽病

图1-9 番茄苗早疫病

图1-10 茄子根结线虫病病苗

图1-11 西瓜根结线虫病病根

图1-12 棚室表面带病虫

图1-13 土壤带病虫

图1-14 肥料带病虫

图1-15 植株残体带病虫

图1-16 植株残体带病虫

2 为什么要进行种子消毒?

进行种子消毒可以减少或消灭种子内外传带的病菌和虫卵，保护幼苗，减轻苗期病虫发生，能收到事半功倍的效果。

3 种子消毒的方法有哪些?

种子消毒的方法较多，常用的方法有温汤浸种、药剂浸种、药剂拌种、干热处理（图3-1～图3-4）。

(1) 温汤浸种。通常温汤浸种所用水温为55℃左右，用水量是种子体积的5～6倍，先常温浸种15分钟，后转入55～60℃热水中浸种，不断搅拌，保持水温10～15分钟，然后让水温降至30℃继续浸种。辣椒种子浸种 5～6小时，茄子种子浸种6～7小时，番茄种子浸种4～5小时，黄瓜种子浸种3～4小时，最后将种子洗净。温汤浸种结合药剂浸种杀菌效果会更好。

温汤浸种较适合预防种子表面或表皮带菌的一般真菌性病害。

(2) 药剂浸种。将要处理的种子用一定浓度的药液浸泡20～30分钟，杀灭附着在种子表面或内部的病原菌。通常先将种子用清水浸泡3～4小时，再放入药液中浸泡，药液量应超过种子量的1倍，处理后需用清水冲洗干净。浸种药液必须是水溶液或乳浊液，不能是悬浮液。

茄果类蔬菜种子常用10%磷酸三钠溶液、0.1%高锰酸钾溶液或2%氢氧化钠溶液浸种防治病毒病；用1%盐酸溶液或1%柠檬酸溶液浸泡种子40～60分钟，可以防治十字花科蔬菜黑腐病、番茄溃疡病、黄瓜角斑病等细菌性病害；用硫酸铜100倍溶液浸泡5分钟，可防治炭疽病和细菌性斑点病；用50%多菌灵500倍溶液浸泡瓜类蔬菜种子60分钟，可以防治枯萎病；用福苯混剂20倍溶液浸种30分钟或用福甲混剂200倍液浸种30～60分钟可防治黄瓜和西瓜枯萎病、蔓枯病、菜苗立枯病等；用福甲混剂200～400倍液浸种30分钟可防治茄子褐纹病、黄萎病、枯萎病、甜椒炭疽病和疫病等。

(3) 药剂拌种。将要处理的种子与药剂混合搅拌均匀，使药剂均匀粘附在种子表面，播种后可杀灭种子传带的病虫，药剂量一般为种子重量的0.2%～0.4%。药剂与种子必须都是干燥的，药剂太少不易拌匀，可加入适量中性石膏粉或滑石粉和干细土，先将药剂均匀分散，然后再与种子混合，确保药剂均匀粘附在种子表面。可用药剂有：福苯混剂、福甲混剂、加瑞农、多菌灵、福美双、克菌丹、灭锈胺、敌克松、拌种双、甲霜灵、恶霉灵等。

用种子重量0.4%的福苯混剂（20%福美双和20%苯来特的混合剂型）拌种，可防治黄瓜和西瓜枯萎病、蔓枯病、蔬菜苗期立枯病等；用种子重量1%的福甲混剂（30%福美双和50%甲基托布津的混合制剂）拌种，可防治黄瓜和西瓜的枯萎病、蔓枯病、苗期立枯病等；用种子重量0.4%的50%多菌灵可湿性粉剂、80%福美双可湿性粉剂、80%克菌丹可湿性粉剂或75%灭

图3-1 药剂浸种

图3-2 温汤浸种

图3-3 药剂拌种

图3-4 干热消毒机

锈胺可湿性粉剂拌种可防治蔬菜苗期立枯病；用种子重量0.3%的47%加瑞农可湿性粉剂拌种可防治蔬菜细菌性病害；用种子重量0.3%的35%甲霜灵拌种剂拌种，可防治蔬菜苗期霜霉病。

（4）干热消毒。对那些温汤浸种和药剂浸种消毒效果不好的种传病害，干热消毒具有显著效果。干热消毒是将干种子放在75℃的高温下处理，这种方法可以钝化或杀灭病毒，适用于较耐热的蔬菜种子，如瓜类、茄果类蔬菜种子等。经干热消毒的种子发芽时间一般推迟1～3天，但对发芽率、发芽势无影响。种子干热消毒前必须进行60℃左右2～3小时通风，使种子充分干燥，一般种子含水量要低于4%才安全，如果种子含水量在10%以上进行密封加热处理，种子则完全不能发芽。种子在干燥器内厚度应在2～3厘米以内。陈种子不宜处理，处理后的种子应在一年以内使用。

恒温70℃干热处理番茄、黄瓜、西瓜、甘蓝、白菜和萝卜等种子，可防治病毒感染，并兼治真菌性和细菌性病害。番茄种子干热处理3天，种子表面及内部的烟草花叶病毒（TMV）均失去活性。瓜类蔬菜种子干热处理2天，可使黄瓜绿斑驳病毒完全失去活性。

为什么要进行棚室表面消毒灭菌？

据研究，棚室蔬菜内气传病害和小型害虫，如白粉病、霜霉病、灰霉病、叶霉病、蚜虫、粉虱、蓟马、红蜘蛛等约有70%以上是来源于本棚室，所以在苗床育苗和生产棚定植前进行棚室表面灭菌消毒是很有必要的。如果棚室表面消毒做得好，可以明显延缓病虫害发生时期，显著减轻病虫害发生程度。

棚室表面消毒灭菌有几种方法？

棚室表面消毒灭菌的方法有：药剂表面喷雾法、药剂熏蒸法、臭氧棚室消毒法。棚室表面消毒通常在蔬菜采摘拉秧彻底清除植株残体后土地没有翻耕前，和在新茬育苗和定植前进行。在消毒灭菌处理完成后到育苗和定植之前应尽量保持棚室密闭状态。

 怎样进行棚室表面消毒灭菌?

进行棚室表面消毒灭菌一般在棚室蔬菜残体清除后还没翻动地块前马上进行，因为此时棚室内部表面所残存的病菌和小型害虫多处于活动状态，便于杀灭。首先用袋子或塑料桶将掉落在地面上的蔬菜枯枝落叶和碎片彻底清理干净，同时彻底清除棚室内杂草，将搭架用的竹竿或吊绳、塑料夹等集中在便于处理的地方，然后根据棚室状况进行棚室表面灭菌。如果棚膜完好则采取辣根素或臭氧密闭熏蒸消毒效果较理想，如果棚膜破损只有采取药剂表面喷洒处理来消毒（图6-1～图6-5）。

新茬育苗前和定植前棚室表面消毒最好是在所有育苗或定植整理准备工作都完成，临播种和定苗前进行。

图6-1 清除带病残体

图6-2 清除残体

图6-3 清除残体

图6-4 清除残体

图6-5 棚室熏蒸消毒

7 怎样进行药剂棚室表面消毒灭菌?

进行药剂棚室表面灭菌首先是根据拉秧蔬菜主要病虫和下茬蔬菜可能将要发生的主要病虫种类选择消毒用农药，最好是选择杀菌杀虫谱广的农药。针对常见蔬菜的主要病虫如霜霉病、灰霉病、白粉病、叶斑病和蚜虫、粉虱、蓟马、叶螨等，杀菌剂可选用阿米西达、世高、霜脲-锰锌等，杀虫剂可选用虫螨兼治的爱维菌素等。此时不存在蔬菜安全问题，可选择1～2种杀菌剂和一种杀虫剂混合使用，药量应适当增加，药液配兑好后就像喷除草剂一样，均匀细致地喷洒地面、棚膜、棚架、墙壁、立柱、架材等。进行药剂棚室表面灭菌的药剂应注意现配现用，由于药液很浓必须佩戴口罩、防护帽、手套和穿防护服等，确保操作人员安全（图7-1～图7-4）。

如果条件允许，在进行棚室药剂表面灭菌喷药后密闭风口进行高温闷棚效果更理想。

图7-1 药剂喷洒棚膜

图7-2 药剂喷洒架柴

图7-3 药剂喷洒地表

图7-4 药剂喷洒墙壁

8 怎样进行药剂棚室熏蒸消毒灭菌?

进行药剂棚室熏蒸消毒必须选择具有熏蒸作用的药剂，目前可选辣根素、硫磺粉、敌敌畏和一些合格的烟雾剂产品。辣根素（高浓度芥末）广谱高效，可以有效杀灭各类病虫害螨，属灭生性生物熏蒸剂，对环境无任何污染，符合有机生产，由于药剂对人的刺激性极强，必须有专门的防护，

图8-1 辣根素棚室熏蒸消毒

图8-2 烟雾剂棚室熏蒸消毒

图8-3 辣根素棚室消毒病菌检测

图8-4 未消毒棚室病菌检测

可用自控常温烟雾施药机自动常温烟雾施药消毒，每亩用20%辣根素水乳剂1升；硫磺和敌敌畏可以配合一起使用进行棚室熏蒸消毒，通常每亩用硫磺粉500克左右、80%敌敌畏乳油500克左右，分别拌适量锯末后分别摆放在棚室内，由里向外点烟；也可选择合格的杀虫烟雾剂和杀菌烟雾剂同时配合使用，用药量较蔬菜生产期有所提高。进行药剂棚室熏蒸消毒一定要保持棚室密闭，如有破损必须用透明胶带粘补，处理前几天最好给棚室内喷洒少量水，使熏蒸时棚内有一定湿度更有利于杀灭病虫（图8-1～图8-4）。

9 怎样进行臭氧棚室表面消毒灭菌？

根据臭氧具有很强的杀灭病虫能力，可以应用臭氧来进行棚室表面消毒灭菌，由于臭氧比空气重，分解很快，消毒时必须持续释放臭氧气并保持臭氧气具有一定浓度和均匀分布。现在进行臭氧棚室消毒是用自控臭氧消毒常温烟雾施药机来自动完成的，在蔬菜拉秧后未翻地前或在下茬整好地没定植蔬菜前进行，将自控臭氧消毒常温烟雾机主机平行放置在棚室中央，两个接力风机分别放在主机与棚头之间，保持三机在一条直线上，插接好接力风机与主机的连接电缆，一般设定处理时间2～3小时，操作者按下自控按钮后离开棚室，关好棚门，机器将自动进行臭氧熏蒸消毒，到达设定消毒时间后自动关闭。处理结束后应尽快将机具移出棚室，避免长时间高湿影响机具性能。

由于臭氧在高温下容易分解，所以臭氧棚室消毒不宜在炎热的中午进行。多数病虫在温暖潮湿状态下容易被杀灭，所以臭氧在比较潮湿的状态下杀灭病虫的效果更理想，为更好地发挥臭氧消毒效果，最好在处理前一天或提前几小时给棚室喷水增湿，使臭氧处理时的空气湿度达到80%以上。杀灭害虫比杀灭病菌需要处理更长时间。

臭氧是用空气为原料产生的，对环境无毒无害，比药剂棚室表面消毒更简单、更经济、更有效（图9-1～图9-3）。

图9-1 臭氧棚室熏蒸消毒

图9-2 臭氧棚室熏蒸消毒

图9-3 臭氧棚室熏蒸消毒

10 土壤消毒有哪些方法?

土壤消毒方法较多，常用方法有：土壤药剂处理、药剂熏蒸处理、太阳能高温消毒、臭氧处理、生物熏蒸剂处理等。

11 怎样进行土壤药剂处理？

土壤药剂处理是最常用的土壤消毒方法，一般是针对某1～2种主要土传病害采取的用药剂处理土壤来控制病害的方法。通常需要防治的土传病害有：蔬菜苗期猝倒病、立枯病；瓜类枯萎病、根腐病；茄子黄萎病；黄瓜、番茄、辣（青）椒疫病；蔬菜菌核病、根结线虫病等。如果选用常规喷雾药剂进行土壤消毒，药剂用量至少用喷雾药量的20倍左右，用适量细土混合均匀，处理苗床和对密植型蔬菜，如芹

图11-1 拌药土

图11-2 撒施农药
图11-3 撒施药土
图11-4 穴施药土
图11-5 穴施药液
图11-6 沟施药液

菜、生菜、油菜、茴香等种植地土壤消毒，可将药土均匀撒施在表层，也可将药剂兑成药液直接喷洒土表；处理稀植蔬菜，如瓜类、茄果类蔬菜的种植土壤，最好采取穴施，将2/3药土撒在定植穴底部，为避免药土直接接触幼根发生药害可适当回填一点细土后定植菜苗，待培好土后将1/3药土覆盖在菜苗定植穴的表层，注意药土不要接触菜苗嫩茎，浇水后药剂将均匀分布在菜苗的根际周围。土壤处理可选择多菌灵、福美双、敌克松、甲基托布津、代森锰锌、霜脲-锰锌、硫酸铜等常规药剂（图11-1～图11-6）。

如果选用土壤处理的专用药剂如恶霉灵、二氧化氯、福气多、棉隆、氰氨化钙等应遵照使用说明使用。

12 土壤药剂处理有何特点，适宜防治哪些病害?

土壤药剂处理技术相对简单，容易操作，田间防治效果一般不会达到非常理想的程度，效果持续时间一般很短，多数情况药剂效果只能维持一茬作物生产；土壤药剂处理比较适宜防治发生病害仅一种、最多两种、且田间分布不太普遍、发生程度不是很严重的时候，适宜防治猝倒病、立枯病、枯萎病、根腐病、黄萎病、疫病、根结线虫病等（图12-1～图12-17）。

常用的药剂处理土壤方法，多防治病害种类单一，用药量大，效果不理想，而且持效时间很短。

图12-1 番茄猝倒病

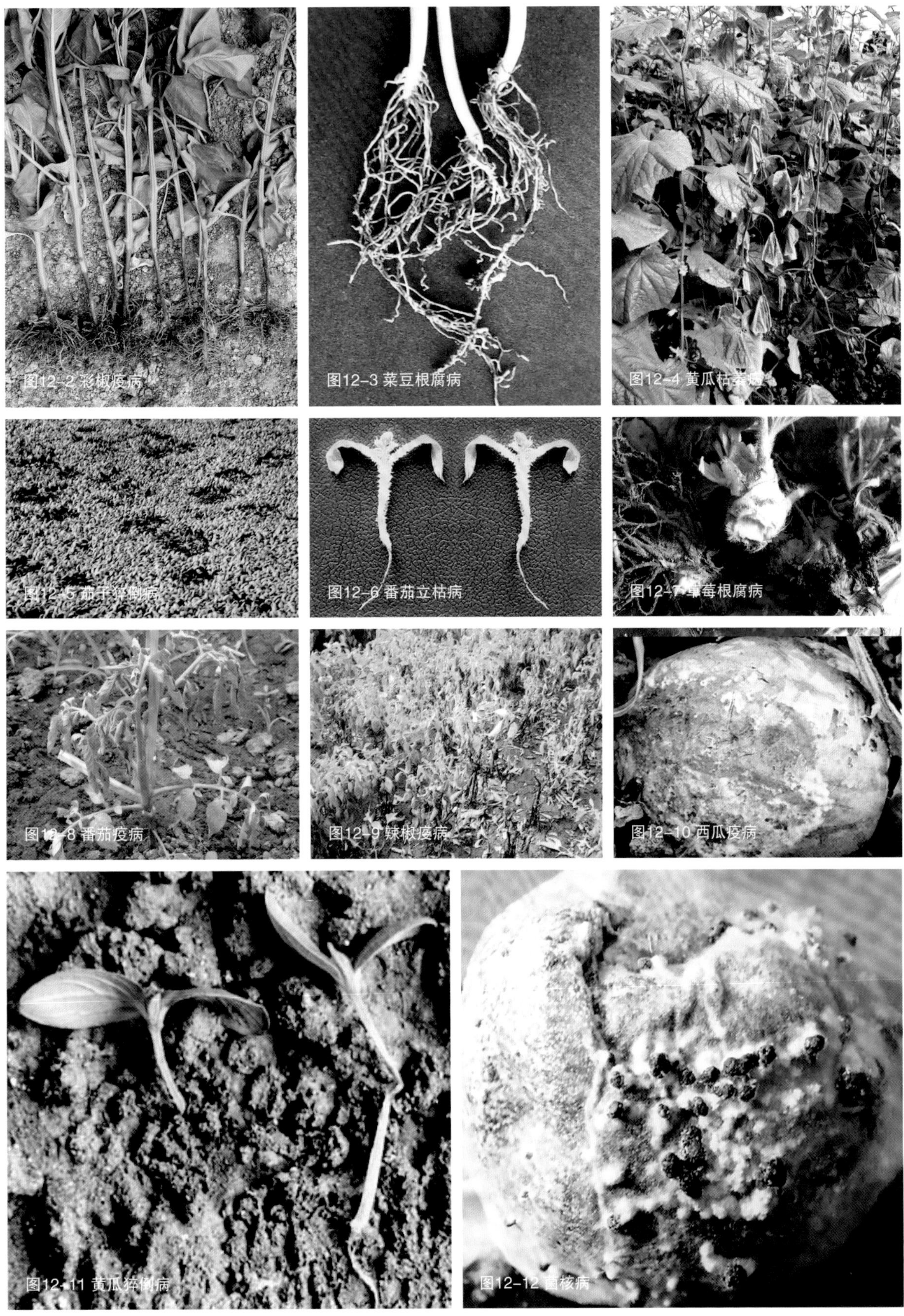

图12-2 彩椒疫病

图12-3 菜豆根腐病

图12-4 黄瓜枯萎病

图12-5 茄子猝倒病

图12-6 番茄立枯病

图12-7 草莓根腐病

图12-8 番茄疫病

图12-9 辣椒疫病

图12-10 西瓜疫病

图12-11 黄瓜猝倒病

图12-12 菌核病

图12-13 番茄枯萎病
图12-14 茄子黄萎病
图12-15 豇豆根结线虫病
图12-16 番茄根结线虫病
图12-17 生菜根结线虫病

13 土壤药剂处理应该注意什么？

土壤药剂处理应该注意三点：第一，药剂土壤处理防治对象都是真菌性病害，真菌性病害对药剂敏感性差异大，选择药剂必须有针对性。如多菌灵、福美双、敌克松、甲基托布津、代森锰锌适宜做预防立枯病、枯萎病、根腐病、黄萎病的土壤处理；霜脲-锰锌、硫酸铜则适宜做预防猝倒病、疫病的土壤处理。第二，施药方式有讲究，同重量药剂是全面均匀撒施还是重点施在植株的根系周围；是仅施表层还是整个耕作层翻匀？由于药剂效果差异非常悬殊，不同施药方式要达到相同处理效果，农药用量相差数倍。所以对苗床、浅根密植型蔬菜应全面均匀处理表层土壤；对深根稀植型蔬菜宜在种植前地整理好以后施行药土穴施或沟施，这样可以保护重点，节省农药。第三，注意药剂的均匀分散，避免产生药害。拌药土需要配兑细土多少无关重要，30～50千克都可，细土只起把药剂能够施撒均匀的作用，用细沙、锯末、滑石粉均可；处理苗床一般先撒2/3药土在整好的畦面，播种后用1/3药土覆盖种子；如果用硫酸铜等容易产生药害的药剂处理需要多兑些细土等，穴施可以离幼苗远些，一定要在药土上面回土后再定植。不兑药土采用清水稀释后喷浇也行，只要能将药剂均匀分散，不至于造成药害均可。

14 怎样进行药剂熏蒸处理？

药剂熏蒸处理是利用具有熏蒸作用的药剂通过药剂的穿透、散发、扩散作用于土壤中的病、虫、杂草，将其杀灭。通常土壤熏蒸剂的毒性较高，施用技术专业性很强，需要专门机械、设备和专业技术人员。

中国农科院植物保护研究所专家研究出的氯化苦（CP）与1,3-二氯丙烯（1,3-D）的新剂型——胶囊制剂，使用时无需特殊的工具及防护设备，解决了高毒熏蒸剂低毒化使用问题。经试验表明，该两种制剂对根结线虫和土传病害均有很好的防治效果，增产幅度在40%以上（图14-1、图14-2）。

胶囊施药是中国发展的一种熏蒸剂使用的技术。胶囊大小通常为0.5～2.5克，可用打孔的方法将胶囊均匀施于土壤中，胶囊中的熏蒸剂在土壤中8小时后开始释放。优点是：①施用方便，无需任何施药设备；②对使用者安全，可不带任何防护设备使用；③贮存运输方便；④可在种植床上条施或沟施，以减少用药量。

图14-1 胶囊施药

图14-2 胶囊施药

15 怎样进行太阳能土壤高温消毒？

在春末初夏棚室蔬菜换茬期，外界气温越来越高，晴好天气较多，太阳照射较强，借助棚室的棚膜长时间密闭将太阳光产生的热能不断蓄积，同时将棚内土壤用透明或黑色塑料膜密闭覆盖，使土壤内温度不断上升，对土壤中病、虫、杂草等各种有害生物长时间保持较高的抑制或杀灭温度，通过有效抑制或杀灭积温将土壤中病、虫、杂草等各种有害生

图15-1 太阳能玉米基质处理效果

图15-2 基质粉碎　图15-3 基质（碎玉米秸）耕翻均匀　图15-4 基质耕匀后土壤

图15-5 做高垄　图15-6 整体覆膜　图15-7 膜四周压实

图15-8 石灰稻草日光高温消毒　图15-9 密闭闷棚　图15-10 畜禽粪便+基质（稻草）日光高温处理

物彻底杀灭。

太阳能土壤高温消毒实施操作过程为：

① 深翻土壤30厘米以上；

② 做南北向，高40～50厘米，宽50～60厘米，垄距100～120厘米的高垄；

③ 地块四周挖宽6～10厘米，高5～8厘米压膜沟；

④ 整体覆膜，将膜的东、北、西或东、南、西三边先压实密闭，留一边最后封闭，便于给垄沟内灌水；

⑤ 向垄沟内灌足够量的水（水深超过垄高2/3）；

⑥ 封闭灌水边塑料膜并压实；

⑦ 关闭棚室所有通风口和门窗，连续密闭闷棚7～50天，根据天气状况决定闷棚时间长短；

⑧ 大量施入生物菌肥，补充有益微生物，恢复并维持良好土壤生态环境（图15-1～图15-17）。

图15-11 畜禽粪便+基质高温消毒覆膜

图15-12 处理前根结线虫危害状

图15-13 露地土壤日光高温消毒

图15-14 露地一层膜日光高温消毒

图15-15 露地二层膜日光高温消毒

图15-16 露地三层膜日光高温消毒

图15-17 露地三层膜日光高温消毒

16 太阳能土壤高温消毒有何优缺点?

太阳能土壤高温消毒成本低，操作简便，技术得当效果理想，可以有效杀灭土壤中病、虫、杂草等各种有害生物，对环境无任何污染，适用于有机、绿色和无公害蔬菜生产。缺点是，受天气和地域限制，有效处理需要等待较长时间，耽误下茬种植，如果处理后阴天、雨天较多效果不理想，尤其是加入了有利腐烂发酵增温的生物有机基质不能较好地分解，影响下茬种植；此外，太阳能土壤高温消毒对处理技术操作要求严格，操作不到位处理效果不理想。经过高温处理后所使用过的膜容易老化。

17 太阳能土壤高温消毒应该注意什么？

为了保证太阳能土壤高温消毒的实际效果，应该注意以下几方面。

（1）在处理时尽可能添加新鲜的碎大田秸秆或生的家畜、家禽粪便，如新的碎稻秆、麦秆、玉米秸、高粱秸、青草、稻壳或生牛粪、生羊粪、生鸡粪等，这样可以显著提高处理温度，缩短处理时间，改善土壤结构。如果单加秸秆类用量至少1000千克/亩，生的畜、禽粪便用量至少4立方米/亩，如果秸秆类和畜、禽粪便同时添加用量可相应减少。加入后一定要用悬耕机或人工将耕作层土壤翻拌均匀，否则土壤深层温度不够，杀灭病虫不彻底（图17-1、图17-2）。

（2）覆膜前浇水一定要充分浇足，一是有利于使处于休眠状态的病菌、虫卵、草籽活化，便于高温杀灭；二是水的比热容大，这样有足够的水分，土壤湿度上下均匀，有利于土壤吸收热量，有利深层土壤升温；三是充足的水分有利于

图17-1 充足的有机基质

图17-2 充足的有机肥

图17-3 处理前 预浇透水
图17-4 胶带粘补破损薄膜
图17-5 持续密闭处理

秸秆类和畜、禽粪便分解发酵提高土温。浇水不够，可能结果恰恰相反（图17-3）。

(3) 太阳能土壤高温消毒一定要保证所覆薄膜没有破损，能保持密闭效果，只有覆盖的膜密闭完好，才能使地温持续保持较高的抑制或杀灭积温（深层温度根本达不到病虫致死温度），尽可能缩小昼夜温差，在最短时间内蓄积更多的热量，很好地杀灭病虫。所以覆盖薄膜一定做到四周压实，有破损裂口需用透明宽胶带粘补，最好棚膜也保持密闭完好（图17-4、图17-5）。

18 怎样进行臭氧土壤处理？

根据臭氧在常温下比空气重1.7倍，微溶于水，具有很强的氧化性等特性，它的消毒灭害作用与浓度和时间呈正相关，其杀菌能力为氯气的600至3000倍。臭氧长时间持续作用土壤颗粒可以将其中的病菌及其他有害生物杀灭或抑制，同时还可起到分解土壤中有毒有害物质，净化土壤环境的作用。

臭氧土壤处理是通过自控臭氧消毒常温烟雾施药机来完成的，用它连续不断地将一定浓度的臭氧气体释放到被处理的土壤表面，不断地沿土壤颗粒间歇向深层渗透，杀灭土中的多种病菌及有害生物。

图18-1 做高垄

图18-2 挖臭氧流动小缺口

图18-3 给土壤洒水增湿

图18-4 整体覆膜

图18-5 压膜密闭

图18-6 臭氧循环熏蒸

臭氧土壤处理实施操作过程为：

① 深翻土地35厘米以上，精细破碎土壤颗粒；

② 适当喷水或洒水，调节土壤湿度达60%～70%，即手捏成团，自由落地就散的状态；

③ 做南北向，高为40～50厘米，宽为50～60厘米，垄距为100～120厘米的高垄，离垄南端和垄北端约1米处分别错位挖开宽约50～60厘米，深为40～50厘米的小缺口，使臭氧在覆膜后由通入口方向顺垄沟通过南北错位的缺口从一个垄沟

图18-7 二次熏蒸前沟垄互换

图18-8 自控臭氧常温烟雾施药机熏蒸

图18-9 高浓度臭氧循环熏蒸

向相邻垄沟流动扩散，最后由出气管出，形成臭氧熏蒸循环回路；

④ 整体密闭覆盖较厚塑料透明膜，将四周压实，在棚室两端的第一条垄沟分别设置臭氧通入口和输出口，以便通过管道和臭氧发生器连接；

⑤ 连接臭氧发生器的循环软管，使臭氧发生器、臭氧输出管、膜下垄沟、臭氧回流管形成循环通路；

⑥ 设置臭氧发生器，启动臭氧发生器，持续通入臭氧气体，保持自动连续循环熏蒸18～24小时；

⑦ 由于臭氧渗透能力较弱，必要时揭膜后再熏蒸处理一次。翻动处理的土壤，适当喷水，保持适宜的土壤湿度，垄变沟、沟变垄，使垄沟内部未处理土壤翻到表面，便于熏蒸处理；

⑧ 处理结束后，大量施入生物菌肥，补充有益微生物，维持良好土壤生态环境（图18-1～图18-9）。

19 臭氧处理有什么好处？

该方法成本低，操作简单，对环境无任何污染，不但可以杀灭病虫，还可降解土壤中残留农药等有毒有害物质。

20 什么是生物熏蒸？

生物熏蒸是利用十字花科或菊科作物残体释放的一种有毒气体杀死土壤中害虫、病菌和杂草的方法。生物熏蒸方法比较简单，一般是选择好时间后，将土地深耕，使土壤平整疏松，将用作熏蒸的植物残渣粉碎，或用家畜粪便、海产品，也可相互按一定比例混合均匀洒在土壤表面之后浇足水，然后覆盖透明塑料薄膜。为了取得较好效果，最好在晴天光照时间长，环境温度高时操作，这样有利于反应，同时要求具有一定湿度，便于植物残渣等物质的水解，加入粪肥要适量，防止出现烧苗等情况。最好结合太阳能高温消毒，可更有效地发挥消毒灭菌作用。

含氮量高的有机物能分解产生氨气杀死根结线虫。几丁质含量高的海洋物品也能产生氨气并能刺激微生物区系活动，这些微生物能促进根结线虫体表几丁质的溶解，导致线虫死亡。一些绿色植物覆盖土壤后能分泌异株克生物质，抑制杂草生长。所以，从某种意义上讲生物熏蒸不仅仅是利用十字花科或菊科作物残体来杀灭土壤中的有害病原菌、害虫和杂草等。在夏季，将新鲜的家禽粪便，或牛粪、羊粪，加入稻秆、麦秆等，与土壤充分混合后，再盖上塑料膜进行高温消毒灭菌，可显著提高土壤温度并产生氨气，杀灭病菌和线虫，也是利用生物熏蒸的原理。

21 什么是生物熏蒸剂?

利用十字花科、菊科等植株残体浸泡、萃取或仿生合成具有较高含量和纯度对有害生物具有较高杀灭活性的生物熏蒸剂产品称为生物熏蒸剂。

现有生物熏蒸剂品种很有限，仅有20%辣根素水乳剂、5%辣根素颗粒剂（图21）。

图21 生物熏蒸剂辣根素

22 生物熏蒸剂处理土壤有什么好处？怎样操作？

采用生物熏蒸剂熏蒸处理土壤可以更好地杀灭土壤中各种病、虫、杂草和线虫等有害生物，对农产品无毒、无害、无残留，对环境无污染，是替代溴甲烷等化学熏蒸土壤消毒的有效技术。可广泛用于无公害、绿色、有机食品生产。

生物熏蒸剂20%辣根素水乳剂熏蒸处理土壤成熟技术是通过滴灌系统，借助施肥罐施用，每亩用量3～5升，可以有效防治主要土传病害如枯萎病、黄萎病、疫病、根结线虫病等（图22-1～图22-9）。

图22-1 辣根素通过滴灌系统施用

图22-2 辣根素滴灌施药

图22-3 辣根素滴灌施药

图22-4 辣根素滴灌施药

处 理	相对防治效果（%）		
	真 菌	细 菌	放线菌
对 照	–	–	–
50%多菌灵	37.5	16.7	9.2
20%辣根素1L	42.8	23.2	10.0
20%辣根素3L	38.2	26.2	–48.6
20%辣根素5L	55.2	31.3	–3.7

图22–5 辣根素对不同微生物的防治效果

处理	腐 霉	曲 霉	镰刀菌	毛 霉	青 霉
对照	–	–	–	–	–
50%多菌灵	52.56	50.00	100.00	–12.28	0.00
20%辣根素1L	45.66	–	100.00	32.63	–50.00
20%辣根素3L	78.55	–	100.00	–26.32	66.67
20%辣根素5L	77.36	96.00	100.00	57.89	85.19

图22–6 辣根素对不同真菌的防治效果

图22–7 辣根素膜下熏蒸土壤

图22–8 未进行处理的对照组根结线虫危害状

图22–9 辣根素防治根结线虫效果

23 土壤灭生性处理和选择性处理有何区别？

土壤灭生性处理是指采取的方法或技术对土壤中所有具有生命活性的生物都有杀灭作用的土壤消毒处理，如太阳能日光高温消毒、臭氧土壤消毒、药剂熏蒸处理、生物熏蒸剂处理和热水土壤消毒处理、高温土壤消毒处理等，也就是不分任何对象都可杀灭的广谱性处理方法；灭生性处理土壤后不但有害的病菌、害虫、杂草、线虫被杀死，同时把对作物生长发育和保持土壤团粒结构有益的多种微生物也杀死了。选择性土壤消毒处理则是只杀灭一种或几种在土壤中的活体微生物、杂草、线虫的土壤处理方法；选择性土壤消毒处理具有较明确的针对性，一般只能防控一种，最多几种土传病害，对土壤有益微生物没有显著影响。

24 灭生性处理土壤后需要注意什么？

进行土壤灭生性消毒处理把土壤中所有的生物都杀灭了，首先需要大量补充有益微生物，快速恢复土壤良好的微生态环境，以保持土壤的良好性状。可以大量施入生物菌肥，也可以大量施入经高温堆沤发酵好的有机肥、农家肥。同时需特别注意防止有害的病菌、线虫等人为传入，因此在进行灭生性土壤消毒后需特别注意防止菜苗传带根结线虫、枯萎病、黄萎病、疫病等各种土传病害；同时注意农机具相互借用传播病菌，施用作物秸秆等残体沤肥必须充分腐熟；此外，在田间农事操作时也需要注意防止人为传播，最好在缓冲间或在处理棚室门前垫一些生石灰粉或设施消毒池，如果临近棚室都是发病棚最好农事操作时使用鞋套或专用胶鞋（图24-1～图24-3）。

图24-1 门前消毒池

图24-2 使用鞋套防止人为传播病虫

图24-3 使用鞋套防止人为传播病虫

25 带病虫植株残体无害化处理有些什么方法？

带病虫植株残体无害化处理方法有：焚烧处理、高温简易堆沤、菌肥发酵堆沤、太阳能高温堆沤处理、太阳能臭氧无害处理和臭氧无害就地处理等。

26 焚烧处理植株残体为什么不好？

不提倡带病虫植株残体焚烧处理的理由：一是不能随即马上处理，必须等待残体在比较干燥后才可能焚烧，在等待自然干燥过程中病虫可能已经进一步繁殖、传播，同时影响田间环境；二是焚烧产生大量浓烟污染空气，如果植株残体中农药残留较多、或植株残体中参杂废弃农膜、塑料莼等有机物，产生的烟气中可能含有毒有害物质，有可能对露地蔬菜等作物造成烟害；三是焚烧把大量可以利用的有机物通过燃烧形成二氧化碳和水而浪费，仅剩下很少量可以利用的无机物（图26-1、图26-2）。

图26-1 残体焚烧

图26-2 残体焚烧

27 高温简易堆沤有何优缺点？

带病虫植株残体进行高温简易堆沤也就是农民自己经常进行沤肥的方法，在蔬菜拉秧后随即把植株残体集中堆放在一起参杂一些粪肥后用土覆盖在外面，让残体自然堆沤发酵腐烂。优点是堆沤方法简单方便，植株残体所带的病虫不能随意传播，缺点是杀灭病虫效果不彻底。

28 怎样进行菌肥发酵堆沤，有什么好处？

植株残体生物菌肥发酵堆沤就是把拉秧后的蔬菜和一些大田作物秸杆如玉米秸秆等铡碎后与生物发酵菌剂混合在一起，在配加一定数量的化肥或畜禽粪便，喷上足够的水，用塑料薄膜或泥严密覆盖堆沤一定时间即可。该方法的优点一是操作相对简单，如果堆沤期间天气晴好堆沤温度较高，杀灭病虫较彻底；二是提高了堆肥的质量，施用后能有效改良土壤理化性状（图28）。

图28 生物发酵堆沤处理池

29 怎样进行太阳能高温堆沤处理？

植株残体进行太阳能高温堆沤处理是按一定面积设置植株残体堆沤发酵处理专用水泥池，放入植株残体后覆盖透明塑料膜，四周用土压实，堆沤时间根据天气状况决定，天气晴好气温较高，堆沤10～20天，阴天多雨则堆沤时间较长。堆沤温度可达30～75℃，可有效杀灭植株残体传带的多种病虫。

没有条件的地区可以在田间地头向阳处将植株残体集中后覆盖透明塑料膜进行高温堆沤，方法同上（图29-1、图29-2）。

图29-1 高温堆沤

图29-2 高温堆沤

30 太阳能高温堆沤处理有何优缺点，处理时应该注意什么？

太阳能高温堆沤处理优点是方法简便实用，适用性强；缺点是堆沤时间较长，杀灭病虫效果受天气和堆沤操作影响较大，冬季或多阴雨季节效果不好，堆沤时薄膜破损密闭不严或堆沤时就地挖坑被堆沤处理的植株残体低于地表，很多病虫杀不死。

所以，建议用专用水泥池堆沤，水泥池不宜建得太深。用透明薄膜堆沤注意选择平坦向阳的地方，薄膜有破损必须用透明胶带粘补以保持堆沤时密闭保温。

31 什么是太阳能臭氧农业垃圾无害处理？

太阳能臭氧无害处理就是利用太阳能臭氧农业垃圾处理站对拉秧蔬菜等带病虫植株残体进行集中无害化处理的技术。即通过太阳能臭氧农业垃圾处理站的太阳能供电系统给臭氧发生器供电，带动臭氧发生器产生高浓度臭氧气体，再通过臭氧输送系统使具有很强消毒灭菌作用的臭氧气持续不断地向垃圾处理站内释放，直致将各种病虫杂菌全部杀灭（图31-1、图31-2）。

图31-1 太阳能臭氧农业垃圾处理站

图31-2 太阳能臭氧无害处理

32 太阳能臭氧农业垃圾无害处理有何优缺点？

植株残体太阳能臭氧无害处理优点是除杀灭病虫彻底外，植株残体上所带的残留农药等有毒有害物质被彻底分解，处理后的有机废弃物马上可以还田，实现资源再利用。缺点是需要建设专用的太阳能臭氧农业垃圾处理站，而且在一定范围内需要处理的植株残体需要集中运送，只适合大型园区。

33 什么是臭氧无害就地处理，它有什么优点?

臭氧就地处理就是利用移动式臭氧农业垃圾处理装置对拉秧蔬菜等带病虫植株残体进行就地快速无害化处理技术。即蔬菜采收结束，将移动式臭氧农业垃圾处理装置开到棚室附近，将拉秧后带病虫的植株残体直接采用该装置粉碎后马上采用高浓度臭氧处理，将所带病虫等有害生物杀灭，处理后的无病虫有机废弃物马上就地还田利用（图33-1～图33-4）。

该处理方法将带病虫植株残体就地无害处理，无需运送，减少了病虫田间传播，处理方便快捷，资源就地利用，节省人力。

图33-1 移动式臭氧农业垃圾处理装置

图33-2 移动式臭氧农业垃圾处理装置粉碎处理

图33-3 臭氧处理后的无病虫有机质

图33-4 臭氧快速无害处理后的有机质

3 栽培管理防病虫实用技术

1 种植蔬菜为什么要轮作？

因为长时间种植一种作物，产量变得越来越低，品质越来越不好，病虫害种类越来越多、越来越重，尤其是蔬菜，这就是人们常说的连作引起的种植障碍。采用不同种类作物进行轮作的目的就是为了克服连作障碍。

2 什么是连作障碍？

连作障碍就是同一作物或近缘作物连续种植以后，即使在正常施肥、浇水和田间管理的情况下，也会出现产量降

图2-1 盐渍化土壤

图2-2 示合理轮作元素平衡土壤

图2-3 示轮作后元素平衡和少许自毒分泌物的土壤

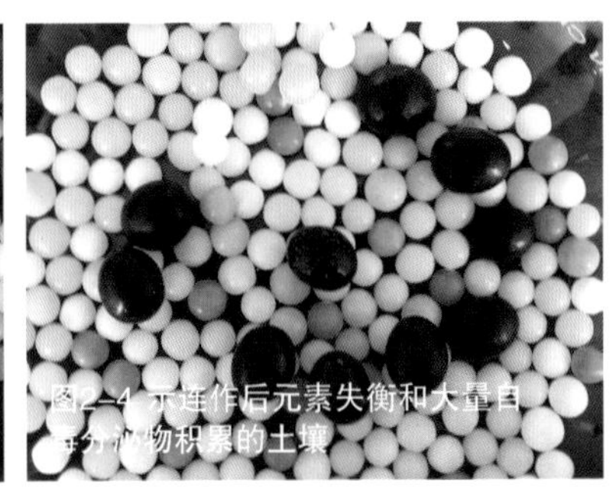
图2-4 示连作后元素失衡和大量自毒分泌物积累的土壤

低、产品质量变劣、作物生长发育状况变差的现象，这就是连作障碍。连作障碍的危害主要表现在下面几方面。

（1）**病虫发生危害加重**。实施蔬菜连作以后，由于土壤物理、化学性质发生了一些变化，一些有益微生物如铵化菌、硝化菌等的正常生长受到抑制，而一些有害的病原微生物迅速繁殖，不断积累，使土壤微生物的自然平衡遭到破坏，这样不仅导致肥料分解过程发生障碍，而且病虫害发生多、蔓延快，而且逐年加重，特别是一些土传病害，如枯萎病、黄萎病、根腐病、疫病、蔬菜根结线虫病等越来越难防治。常见的可以通过棚室表面传带的病虫如霜霉病、灰霉病、白粉病和白粉虱、烟粉虱、蚜虫、斑潜蝇、蓟马等常年发生，数量越来越大，农民朋友只有靠加大农药用量和增加施药次数来控制，造成对环境和蔬菜产品的严重污染。

（2）**土壤次生盐渍化及酸化**。设施栽培施用肥料多，加上几乎常年覆盖改变了自然状态下的水分平衡，土壤长期得不到雨水充分淋浇。棚室内温度较高、土壤水分蒸发量大，下层土壤中的肥料和其他盐分会随着深层土壤水分的蒸发沿土壤毛细管上升，最终在土壤表面形成一薄层白色盐分，即土壤次生盐渍化现象。据有关部门测定，露地土壤盐分浓度一般在3000毫克/千克左右，棚室内常达7000～8000毫克/千克，有的甚至高达20000毫克/千克。造成土壤溶液浓度增加使土壤的渗透势加大，严重影响蔬菜种子的正常发芽和根系正常吸收养分和水分。

（3）**植物自毒物质的积累**。蔬菜跟我们人一样，在生长过程中要进行正常呼吸和排泄，蔬菜主要通过根系排泄分泌物，这些排泄的物质对蔬菜自身是有害的甚至是有毒的，长期种植某一种或某一类蔬菜，这种有毒有害物质就会逐年积累，就象人长期生活在充满垃圾或者污秽物的环境里一样，身体自然不会健康，最后导致自毒作用发生。

（4）元素平衡破坏。我们每次施入的肥料中有效成分基本都是已知的，比如氮、磷、钾等。而我们种的蔬菜所含营养成分有几十甚至上百种，连续种植某一种蔬菜品种土壤中一些微量元素自然就少了，土壤中各种营养元素的平衡状态遭到破坏，营养元素之间发生拮抗作用，逐渐影响蔬菜对某些元素的正常吸收，因而连作容易出现缺素症状，最终使蔬菜生长发育受阻，产量和品质下降（图2-1～图2-4）。

3 轮作应该遵循什么原则?

根据蔬菜连作形成的危害表现，轮作是为了很好地克服连作障碍，所有轮作必须遵循两条原则：一是尽可能选择亲缘关系远的不同科或不同大类的蔬菜进行轮作；二是从病虫发生危害考虑轮作的蔬菜要避免有相同的主要病虫种类，即选择不同病虫为害的蔬菜进行轮作。

4 怎样轮作防治病虫才有效果?

根据发生连作障碍原因，推荐几类可以有效控制病虫发生的适宜的茬口安排模式：

①水生作物——各类蔬菜——水生作物——各类蔬菜；

②茄科、瓜类、豆类、生菜、芹菜——葱、姜、蒜、小菜——茄科、瓜类、豆类、生菜、芹菜——葱、姜、蒜、小菜；

③茄科、瓜类、豆类、生菜、芹菜——十字花科蔬菜、菠菜——茄科、瓜类、豆类、生菜、芹菜——十字花科蔬菜、菠菜；

④茄科、瓜类、豆类、生菜、芹菜——甘薯、土豆、洋葱——茄科、瓜类、豆类、生菜、芹菜——甘薯、土豆、洋葱。

5 抗病虫品种为什么能防病虫害?

抗病虫品种能防控病虫主要表现为：一种是机械抗病虫，也叫物理抗病虫，即抗病虫品种的作物表皮增厚、变硬，阻挡病虫发生危害，病虫不容易侵染和为害，或作物表面密生较长的绒毛，主要害虫如蚜虫、粉虱等因口针短被绒毛托起不能取食为害，从而减少直接危害和病毒传播；另一种是通过育种方式将抗病虫或耐病虫的基因引入到抗病品种当中，使抗病品种对不同病害表现出完全不发生，或轻度发生，或发生后作物可以忍耐危害、不造成明显经济损失（图5-1～图5-4）。

抗病品种会随着种植年限的加长，因病菌发生变化或因抗性基因改变，使品种抗病性发生不同程度的退化。

图5-1茸毛新秀

图5-2 抗病毒病品种比较

图5-3 抗霜霉病品种比较

图5-4 抗黑腐病品种比较

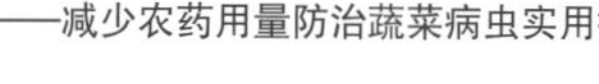

 抗病虫的蔬菜品种有哪些？

（1）抗蔬菜根结线虫病品种。目前在蔬菜生产中应用效果理想的抗病品种有：番茄抗根结线虫病系列品种，包括仙客5、仙客6、仙客8、秋展16等（图6-1～图6-7）。

（2）抗番茄黄化曲叶病毒病品种。目前综合性状很好的抗病品种不多，大果型品种可选：佳红8号、金棚10号、金棚11号（粉）、金棚A150号、金棚901号、浙粉701、浙粉702、浙粉708、欧拉、朝研KT-10、达纳斯、荷兰8号、302（红）、德澳特302、夏妃、双飞新品、双飞粉腾、双飞飞腾、粉美莱、迪抗、超级红宝、迪维斯、超级红运、格纳斯、福克斯、泰

图6-1 仙克1号

图6-2 仙客5号

图6-3 仙客6号

图6-4 仙客8号

图6-5 抗线虫品种仙克8号与常规品种比较

图6-6 番茄感线虫品种根系

图6-7 番茄抗线品种根系

图6-8 佳红8号

图6-9 红贝贝

图6-10 红曼1号

克、迪粉特、德塞T-9、安诺尔 F_1、以色列2012 F_1、大卫、歌德、库克、威霸0号、威霸1号、威霸5号、粉满园211、红满园109、红满园111；樱桃番茄可选：红曼1号、红贝贝、金曼、戴尔蒙德、圣樱A型、迪兰妮、粉妹一号、千粉1101 F_1、千粉1106 F_1、千粉1109 F_1、安德利二号F_1、粉牡丹、台南红丽二号F_1、迪丽斯系列（1号、2号、3号）、圣桃3号、梅多（图6-8～图6-11）。

(3) 抗甘蓝枯萎病品种。由于甘蓝枯萎病是近几年新发生病害，目前甘蓝抗枯萎病的品种很少，仅有中国农科院蔬菜花卉研究所培育出的中甘96和从日本引进的珍奇、百惠等（图6-12）。

(4) 抗黄瓜枯萎病品种。目前黄瓜抗枯萎病的普通黄瓜品种有：中农106、中农16、中农21、津春4号、津绿5号、津优49、津优303、津优401、鲁蔬21号、泰丰园、春秋亮丰、冬悦1号、博美1号、博美2号、莎龙、早优黄瓜、方优二号、中国龙3号、绿雪三九、方氏一号、方优二号、露地二号；水果型黄瓜品种有：中农19号、哈研1号等（图6-13～图6-15）。

图6-11 金曼

图6-12 枯萎抗性对比

图6-13 津优401

图6-14 津优303

图6-15 泰丰园

图6-16 京欣8号

图6-17 改良京欣6号

图6-18 京欣2号

（5）抗西瓜枯萎病品种。目前西瓜抗枯萎病品种有：京欣2号、京欣8号、改良京欣6号、津花魁、津花豹、津蜜20、西农8号、西农10号、郑抗1号、苏蜜五号、苏星058、抗病苏蜜、京抗®1号、特大庆农五号等（图6-16～图6-18）。

（6）抗甜瓜枯萎病品种。目前还没有专门抗枯萎病的甜瓜品种，比较抗枯萎病的品种有：长香玉、金海蜜、金凤凰、黄皮9818等（图6-19）。

（7）抗茄子黄萎病品种。目前茄子抗黄萎病品种相对较少，在生产中可以应用的抗黄萎病品种有：日本黑龙王茄子、辽茄5号；比较抗黄萎病品种有：紫藤等。

图6-19 黄皮9818

 嫁接为什么能预防病害？

嫁接防病是利用抗病植物的根或茎来嫁接不抗病的植物的枝或芽，实现正常生产的一种利用栽培技术防治土传病害的方法。通常，选择的砧木为抗病力和抗逆性强的野生品种，这些品种的枝干相对于接穗都更加强壮，根系更加发达，因此，嫁接以后植株抗土传病害和不良环境因素危害的能力显著增强，达到预防土传病害的目的（图7）。

图7 嫁接原理

 哪些砧木可用来嫁接栽培？

(1) 黄瓜嫁接砧木。可用于黄瓜嫁接的抗性砧木品种有：京欣砧5号、京欣砧6号、韩东52、大维10号、奥林匹克、东洋全力和特选新士佐等（图8-1）。

(2) 西瓜嫁接砧木。可用于西瓜嫁接的抗性砧木品种有：京欣砧1号、京欣砧2号、京欣砧3号、京欣砧4号、京欣砧优、勇砧、超丰F_1西瓜砧木、韩东52、奥林匹克、东洋全力、超人和特选新士佐等；可用于小型西瓜嫁接的有：海砧1号（图8-2～图8-4）。

(3) 甜瓜嫁接砧木。可用于甜瓜嫁接的抗性砧木品种有：京欣砧2号、京欣砧3号、新土佐、圣砧一号、亚细亚、奥林匹克、东洋全力、超人和特选新士佐等（图8-5）。

(4) 茄子嫁接砧木。可用于茄子嫁接的抗性砧木品种有：茄砧一号、果砧1号、托鲁巴姆、托托斯加、日本黑龙王、日本黑又亮和无刺常青树等。

图8-1 京欣砧5号（黄瓜专用）

（5）**番茄嫁接砧木**。目前可用于番茄嫁接的抗性砧木品种有：果砧1号、阿拉姆、砧木1号、金钻砧木、农优野茄和托鲁巴姆（图8-6～图8-8）。

（6）**辣椒嫁接砧木**。目前可用于辣椒嫁接的抗性砧木品种有：卫士、部野丁、威壮贝尔、根基、格拉夫特和托鲁巴姆等。

图8-2 京欣砧1号

图8-3 京欣砧优

图8-4 京欣砧4号

图8-5 京欣砧3号

图8-6 果砧1号嫁接番茄

图8-7 自根番茄

图8-8 金棚自根系和果砧1号根系

9 蔬菜嫁接主要方法有哪些？

蔬菜嫁接主要方法有：顶芽插接法、贴接法、劈接法、靠接法、断根嫁接法和双根嫁接法等。

（1）顶芽插接法。嫁接方法是先将砧木真叶挖掉，然后用下胚轴粗细相同的竹签，从一个子叶的主脉向另一侧子叶方向向下斜插0.5厘米左右，竹签尖端不插破砧木下胚轴表皮，

图9-1 黄瓜顶芽斜插嫁接

图9-2 茄子贴接

图9-3 甜椒贴接

图9-4 辣椒劈接

图9-5 茄子劈接

放好，取黄瓜苗，在子叶下0.5～0.8厘米处斜切一刀，切面长0.3～0.5厘米，拔出竹签，插入接穗（图9-1）。

（2）贴接法。嫁接时间是在砧木长到6～8片真叶，接穗长到5～7片真叶时进行。方法是切去砧木上部分，保留2片真叶，用刀片在第二片真叶上方斜削，成为30°的斜面，斜面长1厘米，把接穗苗的下端去掉，保留苗上部2～3片真叶，用刀片将苗上部的下面茎削成斜面，角度也为30°，斜面长也是1厘米，然后将砧木和接穗的两个斜面紧贴在一起，再用塑料夹子固定（图9-2、图9-3）。

（3）劈接法。砧木除去生长点及心叶，在两子叶中间垂直向下切削8～10毫米长的裂口；接穗子叶下约1.5厘米处用刀片在幼茎两侧将其削成8～10毫米长的双面楔形，把接穗双楔面对准砧木接口轻轻插入，使2个切口贴合紧密，用嫁接夹固定（图9-4、图9-5）。

（4）靠接法。将蔬菜与砧木的茎靠在一起，使两株苗通过苗茎上的切口互相咬合而形成一株嫁接苗。根据嫁接时蔬菜和砧木离地与否，靠接法可分为砧木离地靠接法、砧木不离地靠接法以及蔬菜和砧木原地靠接三种形式；根据蔬菜和砧木的接合位置不同，靠接法又分为顶端靠接和上部靠接两种靠接形式（图9-6、图9-7）。

先用竹签去掉砧木苗的生长点，然后用刀片在生长点下方0.5～1厘米处的胚茎自上而下斜切一刀，切口角度为30°～40°，切口长度为0.5～0.7厘米，深度约为胚茎粗的一半。接穗口方向与砧木恰好相反，切口长度与砧木接近。接穗苗在距生长点下1.5厘米处向上斜切一刀。深度为其胚芽粗的3/5～2/3。然后将削好的接穗切口嵌人砧木胚茎的切口内，使两者切口吻合在一起，用夹子固定好嫁接处或用塑料条缠好后再用曲别针固定好，使嫁接口紧密结合。

（5）断根嫁接法。该法由北京市农林科学院蔬菜研究中心发明，将传统嫁接利用砧木原根系改为在嫁接愈合的同时诱导砧木产生新根的方法。这种嫁接方法具有许多优点：即根系无主根、须根多；根系活力强、定植后缓苗快、成活率高、一致性好；幼苗耐低温性能与前期生长势较强、吸收肥水能力与抗旱能力强；后期抗早衰，不易出现急性生理性凋

图9-6 黄瓜靠接

图9-7 黄瓜靠接

图9-8 断根嫁接

图9-9 断根嫁接

图9-10 双根嫁接

图9-11 双根嫁接

图9-12 双根嫁接植株

萎；坐果数比传统嫁接苗多，单瓜重也较大，适合瓜类嫁接（图9-8、图9-9）。

操作方法是：在砧木的茎紧贴营养土处切下，然后去掉生长点，以左手的食指与拇指轻轻夹住其子叶节，右手拿小竹签（竹签的粗细与接穗一致，并将其尖端的一边削成斜面）在平行于子叶方向斜向插入，即自食指处向拇指方向插，以竹签的尖端正好到达拇指处为度，竹签暂不拔出，接着将西瓜苗垂直于子叶方向下方约1厘米处的胚轴斜削1刀，削面长0.3～0.5厘米，拔出插在砧木内的竹签，立即将削好的西瓜接穗插入砧木，使其斜面向下与砧木插口的斜面紧密相接。然后将已嫁接好的苗直接扦插到装有营养土浇足底水的穴盘或营养钵中。注意营养土中的粪与肥料应比传统嫁接方法减少1/2～2/3，过高的养分不利于诱导新根。

(6) 双根嫁接法。先去掉砧木1的生长点，然后用刀片在生长点下方0.5～1厘米处的胚茎自上而下斜切一刀，切口角度为30°～40°，切口长度为0.5～0.7厘米，深度约为胚茎粗的一半。注意砧木1留一片子叶即可。然后再用同样的方法处理砧木2。接穗则用刀片两边削成一个楔形，切口长度与砧木接近。然后将削好的接穗切口嵌入两个砧木胚茎的切口内，使三者切口吻合在一起，用夹子固定好嫁接处或用塑料条缠好后再用曲别针固定好，使嫁接口紧密结合（图9-10～图9-12）。

10 嫁接时应该注意什么?

嫁接育苗是把接穗与砧木结合成为一个完整的幼株，要求接合部分要达到完全愈合，植株外观完整，内部组织连接紧密，器官连通好，养分水分输导无阻碍。嫁接成活率和嫁接质量与接穗、砧木的苗龄大小、切口的形状和嫁接时间及嫁接后管理关系密切，所以嫁接时应注意以下几方面。

（1）嫁接场所。嫁接是给小菜苗作手术的细致工作，需要适宜的环境。嫁接最适宜的环境条件是不受阳光直接照射，少与外界气体接触，气温在20～24℃，相对湿度在80%以上的场所，一般需在温室和大棚里进行（图10-1）。

图10-1 嫁接苗遮阴覆盖

（2）嫁接用工具或刀刃需锋利。嫁接时使用的剃须刀必须是锋利的。刀片开始发钝时，切口不整齐平滑，对成活有影响。以嫁接西瓜为例，每面刀刃以嫁接200株为宜（图10-2）。

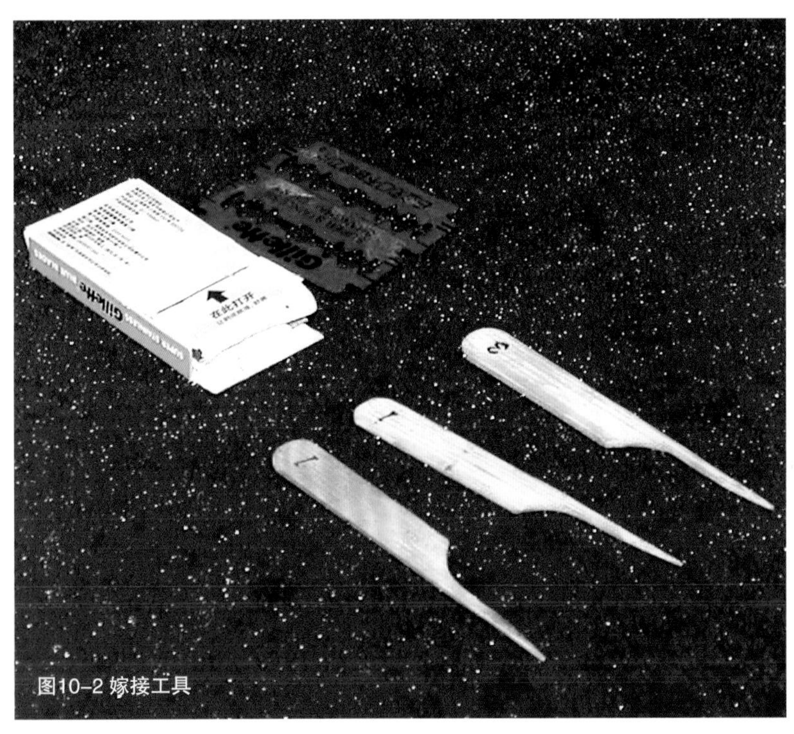

图10-2 嫁接工具

（3）嫁接前预防病害。嫁接后因长时间进行高温高湿管理，很容易诱发病害，所以嫁接前务必对病害进行全面预防。

（4）清除病苗和操作消毒。嫁接时使用的器具和操作人员的手容易传播病害。嫁接时凡是接触过感病苗的器具和手都可能沾上病菌，把病菌传播到以后嫁接的苗上，因此，嫁接前注意彻底除掉病苗、嫁接期间对器具和操作人员的手定时进行消毒是很重要的。

（5）田间管理。嫁接后幼苗伤口愈合到成活期间对环境条件有特定要求。影响嫁接苗伤口愈合和成活的主要因素有光照、温度、湿度和通风，在嫁接的不同时期和每一天的不同时间段幼苗对光照、温度、湿度和通风要求也不一样，必须根据不同蔬菜嫁接育苗对环境的实际要求进行科学管理，最大限度满足嫁接幼苗的正常生长发育要求。

11 嫁接防病应该注意什么？

嫁接防病从砧木选择、培育嫁接用苗、嫁接、嫁接苗管理、嫁接苗定植等环节应该注意以下方面。

（1）选择合适的砧木。要选择根系发达、抗逆性强、与接穗之间的亲和力强、嫁接后所结的瓜仍保持原有口味的材料做砧木，如黑籽南瓜等砧木品种就符合这些特点。

（2）播前种子处理。砧木和接穗种子播前应进行热水浸泡、温水浸泡、温箱催芽（不同的砧木和接穗种子所需温度和时间有所不同）处理，发芽后播种。已发芽的种子如因天气不好未及时播下时可放在10℃以下的冷凉处或放入冰箱（2～4℃），2～3天后播种，存放时要保持湿度，防止种子风干及受冻。

（3）确定合适的播期及培育健壮的适龄幼苗。采用靠接法要求较大的接穗，黄瓜和南瓜靠接时应先播黄瓜，3～4天后

图11 嫁接苗砧木子叶高出地面

再播南瓜，插接法则相反。这样可保证砧木和接穗均处于适宜嫁接的大小。播后要用塑料膜架小拱棚覆盖，使砧木及靠接的接穗苗有较长的下胚轴，出土后揭去薄膜，防止徒长。当砧木出现第1片真叶，下胚轴6～7厘米，靠接的接穗苗下胚轴达5厘米，插接的接穗苗子叶已展开，还未出现真叶时为适宜嫁接苗龄，即避免苗过嫩不好操作，又避免苗过老伤口不易愈合。

（4）**严格嫁接操作及加强嫁接苗管理**。嫁接时需准备好75%酒精和洁净的棉花，消毒操作人员的手及嫁接用工具，避免人为传播病害。嫁接应在晴天遮阴的条件下进行，嫁接时注意切口深度，靠接时切口深度应达到砧木或接穗茎粗的2/3，插接切口约0.8厘米，使切口互相衔接，易于伤口愈合。嫁接后要创造高湿弱光环境（高湿是嫁接苗成活的关键，插接法要求的空气湿度比靠接法高），苗床水分不足时要喷水；嫁接后的前5天要严格遮阴，5天后早晚可撤去遮阴帘子，逐日加长日照时间，11～12天嫁接苗全部成活后撤去帘子和小拱棚，最后去掉包扎物转入正常管理。

（5）**掌握好嫁接苗定植时间、密度、深度**。嫁接苗较耐低温，生长势强，可根据棚内条件适当早定植，密度不宜过大（因品种而定），特别要注意定植时接口应高出地面3～5厘米，千万不能埋在土下，否则接穗会长出不抗病的不定根，与土壤接触后仍会发病，这样就起不到嫁接防病的作用。另外，要不断将砧木上发出的腋芽打掉，以免和接穗争养分，影响接穗发育；施肥量应比不嫁接苗多，如种植黄瓜，基肥除足量优质有机肥外，还应按每亩2千克掺入过磷酸钙与基肥拌匀后同时施入地里，定植时再施入复合肥，开花结果期还需追施氮磷钾肥（图11）。

12 使用嫁接苗应该注意什么？

防止病菌感染接穗，嫁接只能预防土壤中病菌不从砧木的根部入侵，因接穗自身易感病，必须注意防止病菌直接感染接穗。采用插接法、贴接法、劈接法嫁接的菜苗定植时不能定得太深，一定保持幼苗在定植培土后仍高出地表面2～5厘米。

靠接成活后切断接穗根部时，切口位置尽量要高些，切口必须光滑，例如，瓜类插接、劈接，在瓜苗成活后要特别留意砧木的中心髓部是否由接穗产生自生根，如发现有自生根立即废弃。嫁接部位在嫁接时及嫁接以后，一定要保持清洁，不能使其沾上水或泥土。与土壤或水接触后，极易受病菌污染，也容易诱发接穗产生自生根，所以，嫁接时须特别注意。嫁接苗培土不要过高，防止整枝、摘心和其他田间操作时交叉传染病菌。嫁接后的西瓜在压蔓时只能明压，不能暗压，防止产生不定根感染枯萎病（图12）。

图12 嫁接后藤蔓匍匐产生次生根易感染病菌

13 节水灌溉有哪些方法？

蔬菜种植常见的节水灌溉方法有：滴灌、管灌、膜下暗灌、渗灌和微喷（图13-1～图13-5）。

图13-1 滴灌
图13-2 管灌
图13-3 膜下暗灌
图13-4 微喷
图13-5 膜下暗灌

14 节水灌溉对防治病害有什么好处?

多种真菌病害的病菌孢子借助高湿条件才能很好地萌发、侵染，在温度相同时，高湿条件下真菌病害特别容易发生流行。节水灌溉可以使土壤不同深度土壤颗粒逐步充分吸收容纳可以容纳的水分，节水灌溉时不至于让更多的水跑到土壤表面来形成大量水分蒸发，从而显著降低空气湿度，抑制真菌病害发生。细菌性病害在田间传播扩散的主要途径是借助水和作物的伤口，采取节水灌溉在田间不会像沟灌、渠灌和漫灌方式形成大量明显水的流动，使细菌从发病植株向健康植株随水传播的机会显著减少，同样空气湿度降低，植株表面结露减少或结露时间缩短，细菌随害虫和农事操作粘附传带的机会减少，传播病害就相对减少。节水灌溉较好地满足了作物对水的平衡需求，在一定程度上减少不合理浇水给作物造成生理伤口，也可以减少细菌病害传播途径。通过节水灌溉和配套的施肥及田间管理，通常作物比普通灌溉生长健壮，自身抗病和耐病能力可以明显增强。所以节水灌溉对防治病害很有好处。

15 生态调控是怎么回事？

生态调控是人为进行田间温度、湿度等气象条件调节、控制管理来影响作物生长发育和病虫发生发展的方法，核心内容是通过进行调节环境温湿度、光照等生态条件，维持作物正常生长发育，同时限制或抑制病害、虫害发生。生态调控也称生态管理调控，通常生态调控对病害的发生影响明显，对害虫防控效果相对差一些。在很多情况下温度和湿度是紧密结合在一起的，直接受外界气候变化影响。多数情况下，利用设施栽培条件可以有效进行生态调控管理，显著影响和控制病虫发生（图15-1、图15-2）。

图15-1 生态调控管理

图15-2 生态调控预防病毒病

16 为什么生态调控可以有效防治病虫害？

每种病虫发生都需要特定的温度、湿度条件，有的还需要特定光线刺激，它们都有最适宜温湿度、一般发生温湿度、抑制生长温湿度和杀灭温度等。当温湿度最适宜时在很短时间内病菌就完成孢子萌发、病菌侵入、显现症状、繁殖产孢到新孢子再萌发、再侵染，实现病害的侵染循环与流行。如农民朋友熟知的番茄晚疫病，当环境条件适宜时最初发现仅零星几片叶或几株染病，一两天就变成几架或一大片，没等多久全棚或全田就有了，控制不当病菌很快就上茎、上果，甚至造成拉秧。如果环境条件处于病菌的一般发生温度，病害发生就相对缓慢；如果环境温度低于病菌生长的最低温度，或高于病菌生长的最高温度，无论湿度多少，病菌基本不生长，即使不防治病害也不会发展；如果温度高于或低于某个极限温度病菌就会被杀死；通常温度、湿度都适合时，病害病菌萌发、侵入在很短时间就完成；如温度合适湿度不合适，或湿度合适温度不合适病菌就不能完成萌发和侵染。在多数情况下病害发生与作物生长发育对温湿度要求接近，通过管理调节温度和湿度都不适合病虫发生很难实现，但可以通过管理来调节温度和湿度的组合，尽量缩短温度和湿度都比较合适的时间组合，保持一个适宜作物生长发育而不利病害发生的生态环境条件，控制病害发生。如常见的蔬菜猝倒病、灰霉病、菌核病、番茄晚疫病等属典型的低温高湿型病害，在田间发病后只要马上实行高温管理，控制浇水，让田间管理温度一定时间持续在30℃以上，病害明显受到抑制，发展速度显著减慢，如果结合适当药剂防治，病害马上得到控制。

实际上许多种植蔬菜能手，蔬菜管理得很好，病虫害发生较轻或很轻，其实是不自觉地有效应用了生态调控原理来防治病虫。

17 以黄瓜霜霉病为例，说明如何进行生态防治？

要较好地利用生态调控防病，首先需要了解黄瓜的生长发育特性。黄瓜喜高温高湿，有温度湿度才能生长良好，结瓜以后更是需要大量水肥，黄瓜才能有产量。黄瓜生长发育适宜温度25～30℃，低于5℃受寒害，高于38℃受热害，瓜味发苦。

霜霉病是黄瓜最常见主要病害，在叶背面产生黑色霉层，上生大量病菌孢子，孢子成熟后随气流散发，落在有水膜或水滴的叶片上，很快萌发侵入寄主，随即引起发病。病菌也喜欢高温高湿，病菌生长发育适宜温度16～30℃，孢子萌发侵入适宜温度20～26℃，但病菌孢子萌发必须有水滴或水膜（叶面结露），温度高于30℃则不利于病害发生。

根据黄瓜和病菌对温度的要求，显然是在26℃以上38℃以下不太适合病菌，而不影响黄瓜生长，进一步设想如果温度高于30℃低于35℃应该是最理想的管理温度，即只适合黄瓜而不利于病菌。根据生态调控原理，即通过控制棚室内温度、湿度，创造一个不利于病菌萌发、侵染，但能保证黄瓜正常生长发育的环境。具体措施如下：

① 日出前通风10～30分钟；

② 上午30～38℃高温管理3～5小时，湿度达95%以上；

③ 午后通风，18～28℃中温管理，湿度控制在60%～70%；

④ 傍晚放夜风10～30分钟，闭棚时观察棚膜上无明显水滴即可。当日最低温度高于12℃时可整夜通风。

冬季温室黄瓜生产，只要保证夜间不发生冻害尽可能延后闭棚，一是尽可能降低湿度减少夜间结露，二是尽量缩短夜间温度与湿度能够同时满足病菌萌发、侵染的组合时间。

配合生态调控，浇水必须在清晨进行，并在浇水后马上进行30℃以上提温1小时以上管理，如达不到30℃则需重新提一次温；如遇阴雨天则需全天通风。

 18 为什么黄瓜高温闷棚可以杀灭病虫而黄瓜还能生长？

高温闷棚是在黄瓜霜霉病发生普遍而严重时利用黄瓜和霜霉病菌对高温的忍耐性不同来抑制病菌发育或杀死病菌。黄瓜高温闷棚是根据黄瓜无限生长原理，通过相关操作利用45～48℃持续2小时将霜霉病菌全部杀灭，即使当时的叶片、瓜条、花朵全部因高温老化死亡，但不至于把黄瓜植株杀死，其黄瓜的生长点仍然保持生长发育活性，在高温闷棚以后通过座秧、强化肥水管理，生长点可继续生长发育，重新开花结果。

19 怎样进行黄瓜高温闷棚，应注意什么？

以黄瓜为例，一般在霜霉病发生普遍，病情相对严重，采用药剂防治效果不甚理想的情况下采用此技术，具体操作是：选晴天中午实施闷棚，闷棚前一天把3～5支温度计分散挂在与黄瓜生长点同高位置，摘除下部病叶，植株较高时可解下黄瓜嫩尖（农民称“龙头”），降低生长点高度，再将棚内浇水；第二天上午9时开始闭棚升温，待棚温达到45℃时开始计时，棚温超过48℃时适当加大通风，维持棚温45～48℃，2小时后开始由小到大通风降温，使棚温慢慢恢复到正常管理温度。打掉全部黄化的叶片、瓜条；下座瓜秧，大水大肥促使快速生长，3～5天后全新无病虫黄瓜植株形成，幼瓜开始显现；以后进行黄瓜生产正常管理。

高温闷棚对技术操作要求非常严格，操作不当达不到预期目的，必须注意以下几点。

① 预备多支温度计，分别挂在棚室内的不同位置，温度计水银球与黄瓜生长点同高；

② 闷棚前务必浇水，保证闷棚时棚内充分潮湿，有水汽有利于维持高温、杀灭病菌而不至于闷坏黄瓜生长点，干燥很容易使叶片失水，把黄瓜烤死；

③ 闷棚期间勤观察，一般10～15分钟进棚观察所有温度计一次，确保棚温45～48℃。实践证明：温度低于45℃效果不

好，病菌不能彻底杀灭，黄瓜生长势受到严重削弱，有可能病虫发生得更加严重；温度高于48℃黄瓜被闷死，生长点不能恢复活性，实现不了再生产。

④闷棚后，棚内无病虫，必须大水大肥，高温高湿满足黄瓜正常生长，同时防止病虫人为传入。

20 高温闷棚可以防治哪些病虫？

高温闷棚可以防治瓜类蔬菜的霜霉病、白粉病，番茄灰霉病、晚疫病、叶霉病；多种蔬菜小型害虫，如美洲斑潜蝇、蚜虫、蓟马、粉虱等（图20）。

高温闷棚防治病虫原理都一样，但由于不同蔬菜种类和不同病虫对温度的敏感性存在明显差异，实际操作不能照搬黄瓜高温闷棚，需要细心地在实践中去试验摸索。

图20 高温闷棚防治美洲斑潜蝇

4 物理措施防病虫实用技术

1 采用遮阳网为什么可以防病？可以预防什么病害？

因为遮阳网在夏季覆盖可起到遮光、挡雨、防雹、保湿、降温作用，所以遮阳网覆盖可以直接用来防治在高温干旱条件下容易发生的多种作物病毒病，它的遮光作用可以预防阳光直射造成的日灼病，它的挡雨防雹功能可以减少作物细菌性病害的发生和传播。

夏季在南方遮阳网覆盖栽培已成为蔬菜防灾保护的一项主要技术措施。北方主要用于夏季蔬菜育苗和一些反季节蔬菜，覆盖遮阳网的主要作用是防烈日照射、防暴雨冲击、防高温危害、阻碍病虫害传播，尤其是对预防病毒病发生和阻止害虫迁移具有很好作用。冬春季将遮阳网直接盖在叶菜表面，具有一定增温保湿作用，可以在一定程度预防低温危害（图1）。

图1 遮阳网覆盖

2 如何选择遮阳网？

目前市场上销售遮阳网主要有两种方式：一种是以重量卖，一种是按面积卖。以重量卖的一般为再生材料网，属低质网，使用期为6个月至1年，特点是丝粗，网硬，粗糙，网眼密，重量重；以面积卖的网一般为新材料网，使用期为3～5年，特点是质轻，柔韧适中，网面平整，有光泽。购买时首先需明确需要多高的遮阳率，如70%或50%，种植不同蔬菜要求不一样。按重量销售的本身就没对遮阳率划分，自然不能提供给用户准确的遮阳率参考，用户只能用肉眼观察估量。

需要提醒的是，遮阳网不是越密越好，或越重就越好，合适才是最好。遮阳网最重要的参数就是“遮阳率”，它是使用性能参数；其次，还应清楚到底需要多大面积，而不是重量。

目前生产遮阳网的厂家较多，其宽度、颜色、密度均有不同，透光率也不相同。宽度由90～300厘米不等，颜色有黑色、灰色、绿灰色、白色、黑白相间、黑色与灰色相间等多种。不同颜色的遮阳网透光率一般在30%～70%，以黑色遮阳网透光率最低在30%～50%，白色和银白色的遮阳网透光率最高在70%左右，其他颜色的遮阳网透光率一般在40%～60%。遮阳网一般可使用3～5年。

采用遮阳网栽培必须根据当地的自然光照强度、蔬菜作物的光饱和点和覆盖方法选用适宜透光率的遮阳网，以满足作物正常生长发育对光照的要求。在蚜虫和病毒病危害严重的地区可选择银灰色遮阳网；辣椒栽培宜选用银灰色遮阳网，育苗时最好采用黑色遮阳网覆盖。

3 采取别的方式可以起到遮阳网的作用吗？

目前没有别的方式可以完全代替遮阳网方方面面的功能和作用，但是有多种方法或技术可以同样起到遮阳网预防病虫的作用。

图3-1 间作高秆作物遮阴

（1）间作高秆作物。在夏季露地蔬菜生产按照一定比例种植高秆植物同样可以起到遮阳降温防治病虫作用，如夏季种植椒类、生菜和喜阴蔬菜，按照一定比例间作玉米（甜玉米）、架豆、苦瓜、向日葵等，不但可以遮阳降温，还可以引诱蚜虫、棉铃虫、烟青虫、甜菜夜蛾、玉米螟、地老虎等害虫对保护蔬菜的为害，减少蚜虫等害虫传播病毒。

（2）使用遮阳降温涂料。在夏季利用遮阳降温涂料也可以满足遮阳防病的需要，可根据实际需要选择遮阳降温涂料的种类，按生产需要配制和喷洒涂料。目前“利索”和“利凉”是北京瑞雪环球科技有限公司与荷兰Markenkro共同开发的专为温室大棚使用的高科技遮阳降温涂料系列产品。产品特点是形成最佳的涂层遮阳效果，将阳光和大量热能反射出去，同时将进入温室的直射光转化为对作物有益的漫射光，均匀地照射在作物上，对作物的生长十分有利。可根据生产需要设置23%～82%的遮阳率，降温可达5～12℃。涂料具有耐霜冻、雨水及紫外线辐射等优点。

（3）喷洒泥浆遮阴。简单地用黏土泥浆均匀地喷洒在棚室的棚膜表面，可根据需要灵活地多次喷洒或一次调得很稠喷洒，同样可以起到遮阳降温预防病毒病作用（图3-1～图3-7）。

图3-2 利索涂料

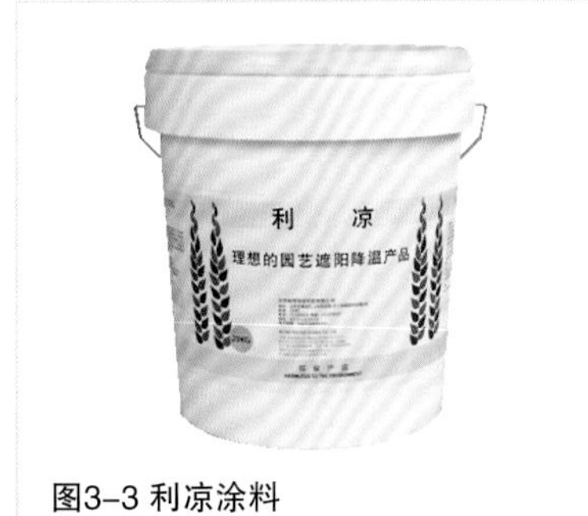

图3-3 利凉涂料

图3-4 喷洒利索遮阴

图3-5 喷洒利索遮阴

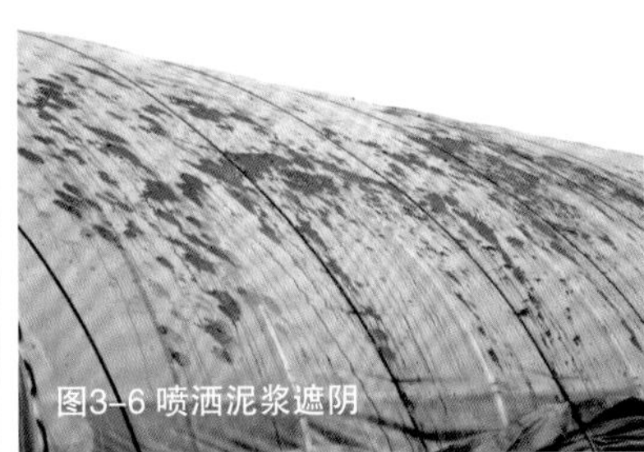
图3-6 喷洒泥浆遮阴

图3-7 喷洒泥浆遮阴

4 防虫网除了阻隔害虫还有别的作用吗？

防虫网除直接阻隔害虫外还可反射、折射部分阳光，对害虫也有一定的驱避作用。此外，防虫网可防止强风暴雨对蔬菜的损伤；防虫网还可起到一定程度的遮光和防强光直射作用，减轻病毒病发生；使用防虫网还有一定的调节小气候的作用，遇雨可减少网室内的降水量，晴天能降低网室内的蒸发量（图4）。

图4 防虫网遮阴防暴雨

5 使用防虫网需要注意些什么？

（1）选择合适的网目。防虫网网目的选择应根据需要防治的目标害虫种类和气候因素来确定。夏秋季露地叶类蔬菜常发生大中型蝶类、蛾类害虫及蚜虫，宜选择网目较低的防虫网，特别是夏季多雷暴雨天气，高温高湿，如防虫网网眼小，通透性能差，易造成烂菜。一般宜选用银灰色18～25目防虫网，在防止大中型蝶类、蛾类害虫侵入的同时银灰色网对蚜虫还有较好的驱避作用。棚室蔬菜防虫网主要防止蚜虫、斑潜蝇、白粉虱、烟粉虱等小型害虫，至少需要30目以上防虫网才可以起到阻隔害虫作用。由于烟粉虱个体极小，可以传播多种病毒，尤其是传播毁灭性病害番茄黄化曲叶病毒病的病毒，选择防虫网

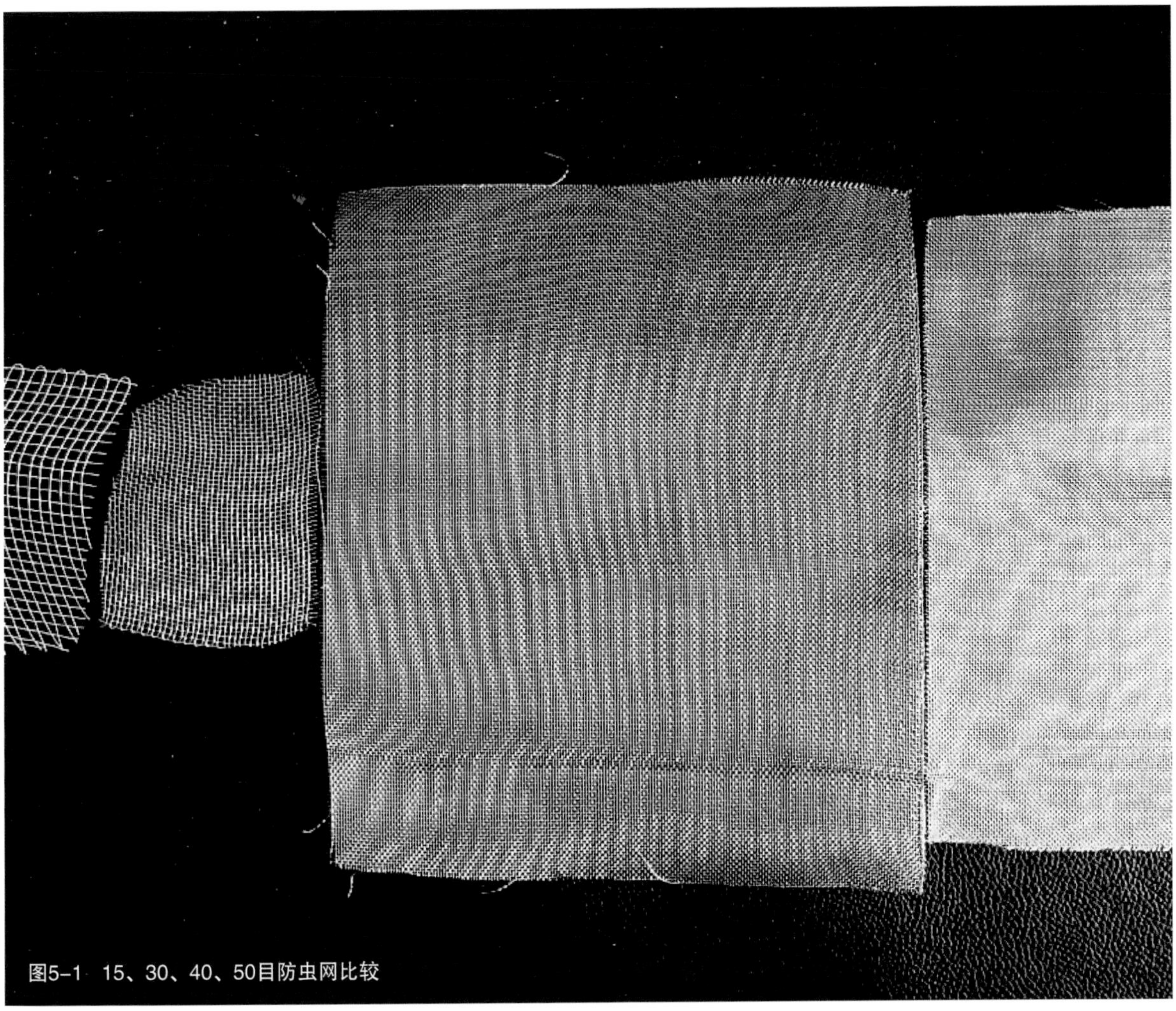

图5-1 15、30、40、50目防虫网比较

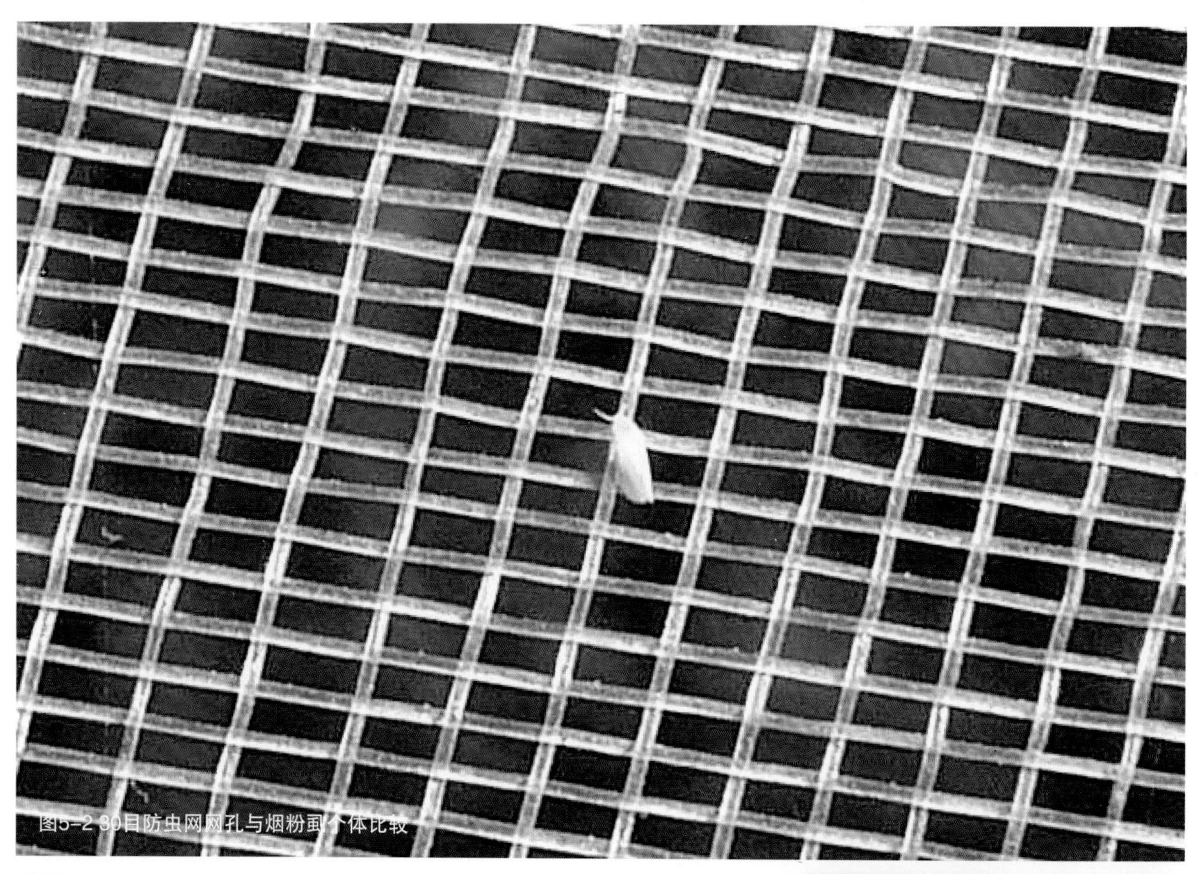
图5-2 30目防虫网网孔与烟粉虱个体比较

图5-3 保持防虫网密闭良好

图5-4 保持防虫网密闭良好

图5-5 保持防虫网密闭良好

必须在50目以上才能阻止其进入（图5-1～图5-5）。

（2）准确掌握覆盖时间。防虫网最好是在前茬收获后揭膜、耕翻、清洁棚室后，在本茬育苗或种植前覆盖，不要在害虫已经传入或发生后覆盖。

（3）加强防虫网管理。覆盖防虫网生产期间注意保持整体密封，网脚压泥需紧实，棚顶压线要绷紧，防止大风掀开。平时田间管理时操作人员进出随手关门，防止害虫飞入棚室内产卵。同时还需经常检查防虫网有无撕裂，一旦发现应及时修补，确保网室内无害虫方可真正发挥其作用。

6 什么叫功能膜？

根据多方面需要制造生产的具有不同功能的农膜，如长寿膜、无滴膜、保温膜、消雾膜，不同颜色的专用膜，还有高透光膜、遮光膜、防尘膜，可用于防治病虫的除虫膜、紫外线阻断膜、除草膜等。

按农膜的功能和用途可分为普通膜和特殊膜两大类。普通农膜包括广谱农膜和微薄农膜；特殊农膜包括黑色农膜、黑白两面农膜、银黑两面农膜、绿色农膜、微孔农膜、切口农膜、银灰（避蚜）农膜、除草农膜、配色农膜、可控降解农膜、浮膜等（图6）。

图6 多功能膜

7 什么样的功能膜与病虫草害防治直接有关？

（1）**紫外线阻断膜**。在塑料中加入特殊的紫外线吸收剂，可吸收掉380纳米以下的紫外光，使用这种紫外线切断膜覆盖棚室，可抑制灰霉病、菌核病发生，使蚜虫、螨类失去光感，从而减少这些病虫的危害，同时具有降低夏季棚温和耐老化作用，但会影响蜜蜂采蜜和茄子的着色。紫外线阻断膜还可促进萝卜、胡萝卜、甘薯等根菜类生长，对黄瓜、番茄、甜椒等具有防病、促进生长、防止老化、延长收获期、

图7-1 紫外线阻断膜

图7-2 银灰膜避蚜

图7-3 银灰膜避蚜

增加产量等作用（图7-1）。

（2）**银灰（避蚜）地膜**。蚜虫害怕银灰色光，有翅蚜见到银灰光便飞走。银灰（避蚜）膜利用蚜虫的这一习性采用喷涂工艺在农膜表面复合一层铝箔，来驱避蚜虫，防止病毒病的发生与蔓延，这种农膜可用于各种夏秋蔬菜覆盖栽培（图7-2、图7-3）。

（3）**除草农膜**。是在农膜表面涂上微量化学除草剂，覆盖时将含有除草剂的一面贴地，当土壤蒸发的气化水在膜下表面凝结成水滴时，除草剂即溶解在水中，滴入土表，形成杀草土层。这种农膜同时具有增温、保墒和除草三重作用。

（4）**银黑两面农膜**。使用时银灰色面朝上。这种农膜不仅可以反射可见光，还能反射红外线和紫外线，降温、保墒功能更强，还有很好的驱避蚜虫、预防病毒病作用，对花青素和维生素丙的合成也有一定的促进作用。适用于夏秋季地面覆盖栽培，每亩菜田用量约14.8～24.7千克。

（5）**黑色农膜**。黑色农膜增温性能不及广谱地膜，保墒性能优于广谱农膜，能阻隔阳光，使膜下杂草难以进行光合作用，无法生长，具有除草功能。宜在草害重、对增温效应要求不高的地区和夏秋季作地面覆盖或软化栽培用，每亩菜田用量约7.4～12.3 千克（图7-4～图7-7）。

（6）**黑白两面农膜**。一面为乳白色，一面为黑色。使用时黑色面贴地，增加光反射和作物中下部功能叶片光合作用强

图7-4 黑色农膜
图7-5 黑色农膜
图7-6 灰色农膜
图7-7 灰色农膜

度，降低地温，保墒、除草，适用于高温季节覆盖栽培，每亩菜田用量约12.3～19.8千克。

（7）**绿色农膜**。这种农膜能阻止绿色植物所必须的可见光通过，具有除草和抑制地温升高作用，适用于夏秋季覆盖栽培，每亩菜田用量约7.4～9.9千克。

（8）**配色农膜**。根据蔬菜作物根系的趋温性研制的特殊农膜。通常为黑白双色，栽培行用白色膜带，行间为一条黑色膜带。这样白色膜带部位增温效果好，有利作物生育前期早发快长，黑色膜带虽然增温效果较差，但因离作物根际较远，基本不影响蔬菜早熟，具有除草功能。进入高温季节可使行间地温降低，诱导根系向行间生长，能防止作物早衰，增强抗性。

5

利用害虫特性
防治害虫实用技术

色板为什么可以诱杀害虫？

因为很多种类昆虫对不同颜色具有选择性习性，也就是趋色性，如喜欢黄色、绿色、橙色、白色、蓝色等。昆虫一般喜欢黄色、绿色的较多，有些昆虫趋色倾向特别强烈，我们可以利用昆虫这一习性来诱捕害虫或诱集天敌昆虫来捕食害虫。所以使用色板可以诱杀害虫，是有效防治害虫的物理措施，符合无公害、绿色、有机蔬菜生产的要求（图1）。

图1 色卡诱集害虫

2 黄板主要诱杀哪些害虫？

经试验研究，黄板或黄卡可以用来诱杀蔬菜的多种有翅蚜虫，斑潜蝇类成虫，潜叶蝇成虫，葱蝇、种蝇成虫，粉虱成虫，菇蝇、菇蚊成虫，多种蓟马成虫（图2-1～图2-5）。

图2-1 黄板诱集葱蝇

图2-2 黄板诱集蝇类害虫

图2-3 黄板诱捕烟粉虱效果

图2-4 黄板诱捕西花蓟马效果

图2-5 黄板诱集韭菜迟眼蕈蚊

3 蓝板主要诱杀哪些害虫?

试验观察蓝板或蓝卡主要可以诱杀多种蔬菜上的蓟马，如棕榈蓟马、花蓟马、西花蓟马、葱蓟马等（图3-1～图3-3）。

图3-1 蓝板诱杀葱蓟马

图3-2 蓝板诱杀棕榈蓟马

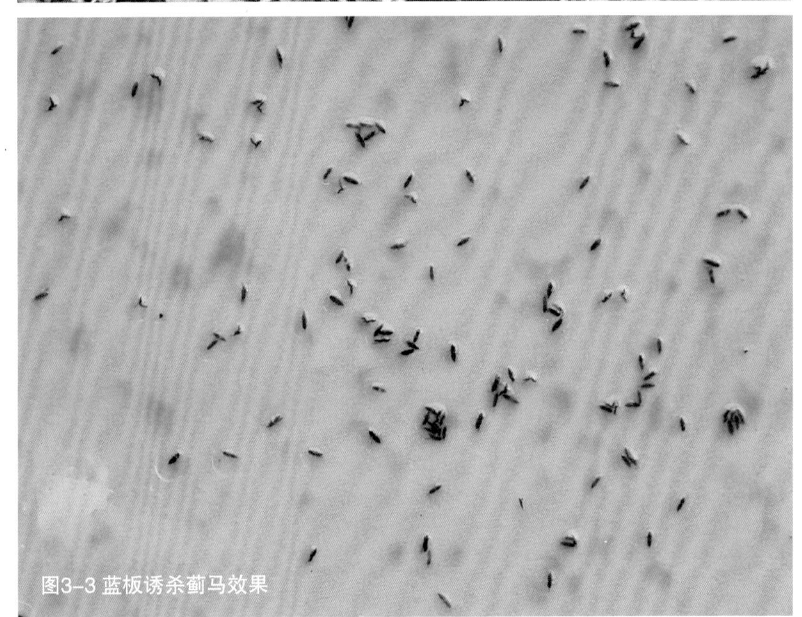
图3-3 蓝板诱杀蓟马效果

4 什么样的色板诱杀害虫最好?

黄色、白色、绿色、蓝色等颜色对害虫都有影响，白色是自然光的颜色，绿色是蔬菜本身的颜色，这两种颜色显然没有利用优势。经试验研究，不同黄色和不同蓝色诱集害虫效果也大不相同，以金盏黄、橙黄、金黄色诱虫效果最佳。略显荧光的深蓝色对蓟马诱虫效果最佳。

5 诱杀害虫适宜的色板形状、规格、设置方式是什么？

色板可以诱集害虫，但害虫对色板形状、大小、设置方式是有选择的。试验研究发现，圆筒形竖直悬挂对多数害虫诱集效果最好，面积较大的色板诱集害虫效果比面积小的

图5-1 标准大小黄板

图5-2 标准大小蓝板

图5-3 圆筒状色板

好。但在蔬菜实际生产中圆筒形和很大面积的色板应用不方便，所以，生产上大面积使用的色板以板状或片状，大小以30厘米×40厘米，在田间竖直悬挂比较适用（图5-1～图5-3）。

6 设置色板的适宜高度和距离是多少？

色板多用来诱杀小型害虫，这些小型害虫飞翔高度和飞翔距离是有一定范围的。据观察，害虫主动飞翔高度多在蔬菜作物冠层40厘米以下，一次水平飞翔距离多为50～60厘米，一天内多次飞翔扩散至多10～12米。所以，色板设置只要高出蔬菜顶部叶片5厘米即可，不宜太高；色板间的距离以能引诱到害虫为宜，大概10米左右即可。

7 什么时候设置色板最合适？

设置色板除直接诱杀害虫外，很重要的作用是控制害虫在田间传播病毒病。显然，在害虫很少时诱杀害虫和预防病毒病效果最明显，也就是在早期还没有害虫或害虫刚开始发生时设置最合适。

8 使用色板诱杀害虫需注意什么？

（1）根据害虫的趋色性选择适宜的色板。经试验研究为害蔬菜的主要小型害虫，如斑潜蝇类、粉虱类、蚜虫类、蝇类、蚊类、蓟马类多喜欢黄色，以金盏黄、橙黄色板诱虫效果最佳。一些蓟马类喜欢蓝色，以略显荧光的深蓝色板诱虫效果最佳。

（2）确定好色板使用数量。设置色板数量是依据害虫的飞翔能力来确定的，因多数小型害虫一天内多次飞翔扩散距离约10～12米，一次飞行仅几十厘米，所以设置色板数量一般以色板距离10米左右进行估算，间距太远部分害虫不能有效诱杀，间距太近使用数量多，使用色板成本过高。通常每亩设置中型板（25厘米×30厘米）30块左右，大型板（30厘米×40厘米）20块左右。

（3）注意悬挂方法。色板是通过颜色来引诱害虫的，必须让害虫感受得到颜色才可能诱集，所以色板必须垂直悬挂或用竹竿等竖立在蔬菜植株间，高度以色板底边高出蔬菜作物顶端5～20厘米为宜，太高害虫不容易粘附，太低易被蔬菜遮挡，影响诱集较远处害虫。色板还应随蔬菜生长不断调整设置高度。

（4）色板设置时间要早。一定要在害虫发生前期或初期设置。害虫密度很高时设置色板只能在一定程度减少害虫数量。色板只是药剂防治的辅助措施，尽管直观感觉在田间粘附的害虫很多，实际预防病虫效果不如早期设置明显。

（5）色板的护理。注意色板粘满害虫后及时更换。或再涂厨房内抽油烟机油盒的废油、机油、黏虫胶等继续使用。平时打药喷肥时尽量避开色板，以免影响色板使用寿命。

9 可以自制色板诱杀器吗？

完全可以，使用过黄板或蓝板诱杀害虫的农民朋友应该知道，使用工厂化生产的比较标准合格的产品价格都比较高，每亩使用一次色板的成本最少50元以上，持效时间最多60天左右。根据色板诱杀害虫原理可以利用废旧三合板、五合板、木板、纸板、钙塑板、油桶、大饮料瓶等自己制作，购买金黄色和深蓝色油漆，用毛刷均匀涂刷后自然阴干，外面用透明保鲜膜或透明地膜包裹后用透明胶条固定，使用时在表面涂抹厨房抽油烟机油盒的废油、机油、凡士林或黏虫胶等，失去黏性可以再次涂抹，粘满害虫后揭去透明膜后更换新膜，可以重复使用，简便可行。

另外，也可以选用瓦盆、瓷盆、塑料盆用金黄色和深蓝色油漆涂刷内壁，盆沿和外壁用黑色油漆涂刷，阴干后盛清水放置在田间，也可用来诱杀小型害虫（图9-1、图9-2）。

图9-1 自制黄板

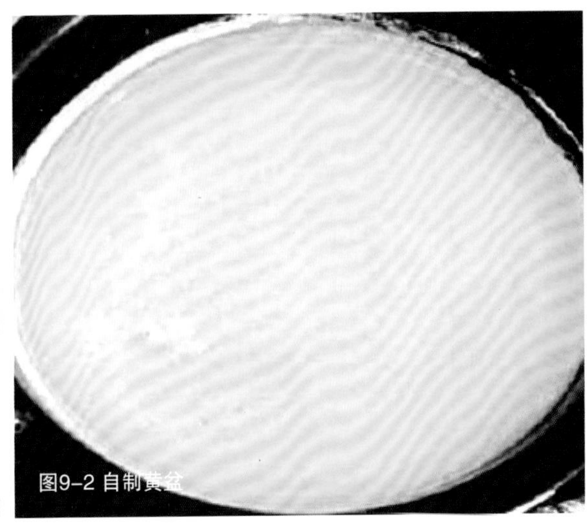
图9-2 自制黄盆

10 为什么灯光可以诱杀害虫?

因为昆虫可以感知一定频率的光波，这些光波对昆虫复眼起信号和眩目作用，也就是害虫对某些光具有趋性。通过灯光可以把具有趋光性害虫大量诱捕后集中消灭；对不具有趋光性的夜行性害虫可以通过光波作用抑制或影响其正常活动，减少危害（图10）。

图10 特定光谱诱虫灯

11 灯光诱杀有何优缺点？

灯光诱杀具有操作简便、使用安全、投入低、效果稳定等优点。特别是对一些毁灭性较强，药剂很难防治的害虫，如甜菜夜蛾、斜纹夜蛾、草地螟、多种金龟子等，灯光诱杀具有明显优势，而且已经在很多地区发挥了积极作用，并显现了良好的应用前景。

然而，杀虫灯或多或少都要杀伤天敌，使用杀虫灯受许多因素限制。例如灯光诱杀技术必须要有电源，需要铺设电缆或采用太阳能作电源；需要在设灯面积相对较大的情况下才能取得理想效果；诱虫效果容易受外界强烈照明灯光干扰等。

一些蔬菜产区选用的灯诱产品存在不少有待改进的技术问题，如光源对昆虫的选择性不强；有害光线对人和环境有不良影响；不节能、使用成本高；安全性差、自动化控制程度低，结构和外观不合适；以及对有益昆虫的伤害较多等。有的则可以很好地引诱害虫，但不能有效杀灭，杀虫灯附近反而受害更严重。

12 如何选择杀虫灯？

目前，我国用于诱杀害虫的杀虫灯光源有五类黑光灯：普通黑光管灯、频振管灯、节能黑光灯、双光汞灯和纳米汞灯，已经应用的杀虫灯产品较多，对害虫诱杀效果相差较大。杀虫灯对害虫的有效诱集半径是使用杀虫灯确定安装间距的重要依据，直接关系用灯成本和整体诱杀效果，安灯前需了解清楚。通常普通黑光管灯、频振管灯、节能黑光灯在黑暗环境下的有效诱集半径比较小，双光汞灯和纳米汞灯的有效诱杀半径比较大。选择灯诱产品应因地制宜，根据电力条件、诱杀主要害虫种类、有效诱集半径、灯具能耗、使用安全性等综合考虑，使其更好地发挥作用。经系列灯诱产品对比试验观察，目前综合性能较好的杀虫灯有：YH-2B交流电杀虫灯、YH-2Fa诱虫灯、YH-1A太阳能杀虫灯等（图12-1～图12-3）。

图12-1 YH-2B交流电杀虫灯

图12-2 YH-1A太阳能杀虫灯

图12-3 诱虫效果

13 性诱是怎么回事?

在自然界，多数昆虫的聚集、寻找食物、交配、报警等多是通过释放不同气味（信息化合物）来传递信息的。性诱是雌性昆虫从尾部释放一种气味（信息化合物）引诱雄性昆虫前来求偶、交配。

14 什么是性诱剂？

性诱剂是通过人工合成制造出一种模拟昆虫雌雄产生性吸引行为的物质，这种物质能散发出类似由雌虫尾部释放的一种气味，雄性害虫对这种气味非常敏感。性诱剂一般只针对某一种害虫起作用，其诱惑力强，作用距离远（图14）。

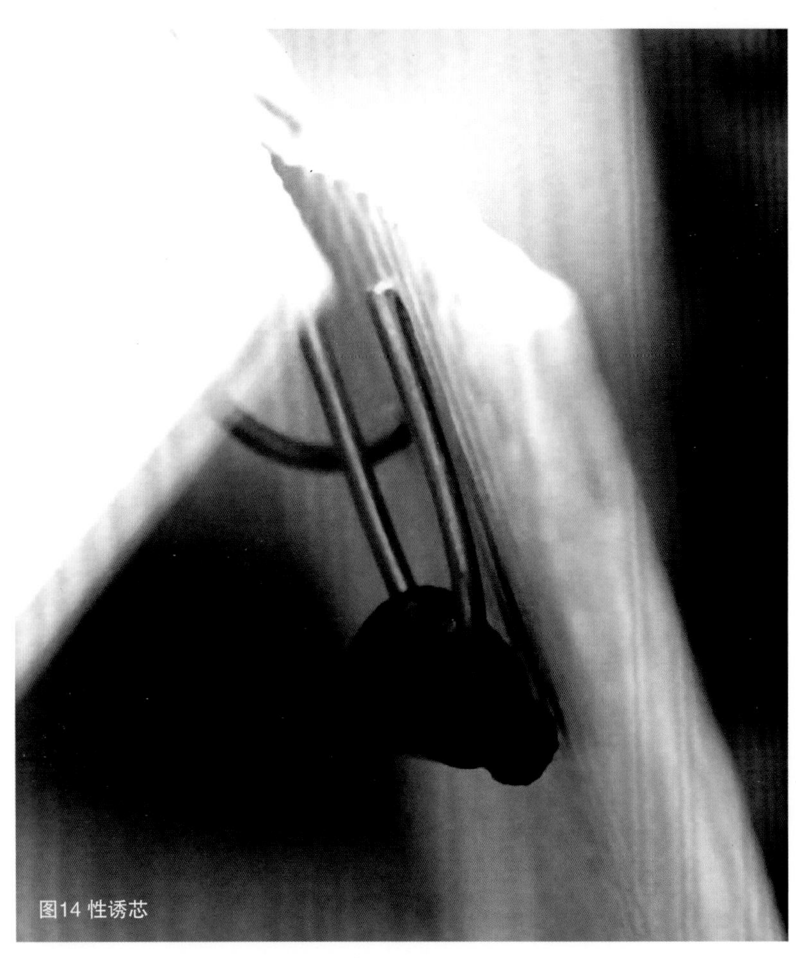
图14 性诱芯

15 性诱控制有什么优点？

性诱控制是根据害虫繁殖特性，人工释放引诱害虫求偶、交配的信息物质来诱捕或干扰害虫正常繁殖，从而控制害虫数量的方法。

性诱剂诱杀害虫不接触植物和农产品，没有农药残留，不伤害害虫天敌，是现代农业生态防治害虫的首选方法。优点是：

① 使用方便、操作简单；

② 干扰破坏害虫正常交配，使其不产生后代，无抗性产生；

③ 防治对象专一，对益虫、天敌不会造成危害；

④ 可以显著降低农药使用量，提高产品质量，改善生态环境。

16 怎样进行性诱控制？

性诱控制害虫一般可通过两种方式：一种是迷向法，即在田间大量释放害虫性诱剂，使空气中始终弥漫性诱剂的气味，干扰雄虫寻找配偶，使雄虫因找不到雌虫交配，最后死亡；另一种是诱捕法，即在田间设置少量害虫性诱捕器，这种性诱捕器相当于害虫陷阱，将雄性害虫引入诱捕器后杀灭，而雌性害虫因找不到雄虫交配而不能繁殖后代，从而达到控制害虫数量的目的（图16-1～图16-6）。

图16-1 性诱剂迷向

图16-2 性诱捕

图16-3 性诱剂迷向

图16-4 性诱剂诱捕

图16-5 性诱剂诱捕

图16-6 性诱剂诱捕

17 使用性诱捕器防治害虫应该注意什么？

（1）性诱捕器的选择。性诱捕器的形状、大小、类型很多，不是有了性诱剂选用什么样的性诱捕器都可以很好的诱捕害虫。因害虫在种群长期进化中形成了特有的繁殖方式，每一种或一类害虫有特殊的生殖行为，对性诱捕器的形状、大小、材质，放置方式甚至颜色等有特定选择，应根据害虫种类选择最适宜的性诱捕器（图17）。

（2）结合药剂防治。性诱控制是一项很好的防治害虫技术，但不能完全依赖它，害虫大发生时还需药剂防治做补充。

（3）**性诱捕器的使用**。需严格按照性诱剂的使用高度、数量设置性诱捕器，安放好诱芯。诱芯在使用一段时间后诱虫效果降低，可合二为一来提高诱虫效果。如有必要及时更换新诱芯，通常每4～6周更换诱芯。未使用诱芯需低温保存。

（4）**选择诱捕时期及诱捕后处理**。根据害虫发生时期在成虫发生初期设置性诱捕器诱杀成虫，注意适时清理诱捕器中的死虫，如诱捕器下面有接虫瓶最好每天换一次，收集到的害虫集中掩埋。

图17 各类害虫性诱捕器

18 什么是引诱植物，怎样利用引诱植物？

简单讲，对害虫具有很强的吸引力，能引起害虫大量聚集的植物就是引诱植物，也就是说这种植物可以引诱害虫过来取食、寻偶、交配、或产卵。

人工有意识按照一定方式和比例种植引诱植物，把大量害虫招引到引诱植物上集中杀灭，从而减少害虫对目标植物的危害、减少田间打药次数，起到保护目标植物的作用（图18-1、图18-2）。

图18-1 引诱植物甜玉米

图18-2 引诱植物油菜花

19 驱避防治是怎么回事？

驱避防治是利用害虫对一些植物分泌的气味或某些物质特别反感，害虫在感觉到以后会自然逃避远离这些植物，使被保护植物免遭害虫危害的方法。这种防治害虫的方法简单实用，安全环保，无任何副作用。

20 什么是驱避植物？

会散发令害虫讨厌的浓香或毒性物质、能阻碍周围害虫接近的或能影响病菌正常繁殖的植物叫驱避植物。驱避植物的作用主要包括杀菌、抵制病菌、防腐、防虫、杀虫等；此外，种植一些香草植物除了有驱避病虫的作用外还具有很高的经济收益。

实际生产中可在果园混合种植会散发害虫和鸟类讨厌气味的植物来防止害虫或鸟类接近为害；也可种植能分泌毒性物质的植物，来杀灭或干扰某些病虫的为害。

21 常见驱避植物有哪些?

常见的趋避植物有农作物类、花卉类、香草类和野草类等。农作物有：大蒜、大葱、韭菜、辣椒、花椒、洋葱、菠菜、芝麻、蓖麻、番茄等；花卉有：金盏花、万寿菊、菊花、一串红等；香草有：紫叶苏、薄荷、蒿子、熏衣草、除虫菊；野草有：艾蒿、三百草、蒲公英、鱼腥草等（图21-1～图21-4）。

图21-1 驱避植物：艾蒿

图21-2 驱避植物：天竺葵

图21-3 驱避植物：万寿菊

图21-4 驱避植物：熏衣草

22 为什么银灰膜可以驱避蚜虫，怎么避蚜？

因为银灰色对蚜虫有较强的驱避性，也就是有翅蚜虫害怕银灰色，见到银灰色物体就自然远离。利用有翅蚜虫这一特性可在田间覆盖银灰色地膜，悬挂银灰色膜条，在棚室通风口设置银灰膜条，或用银灰色膜覆盖蔬菜来驱避蚜虫，预防蚜虫传播病毒病（图22-1、图22-2）。

图22-1 银灰膜避蚜

图22-2 银灰膜避蚜

6 科学使用农药实用技术

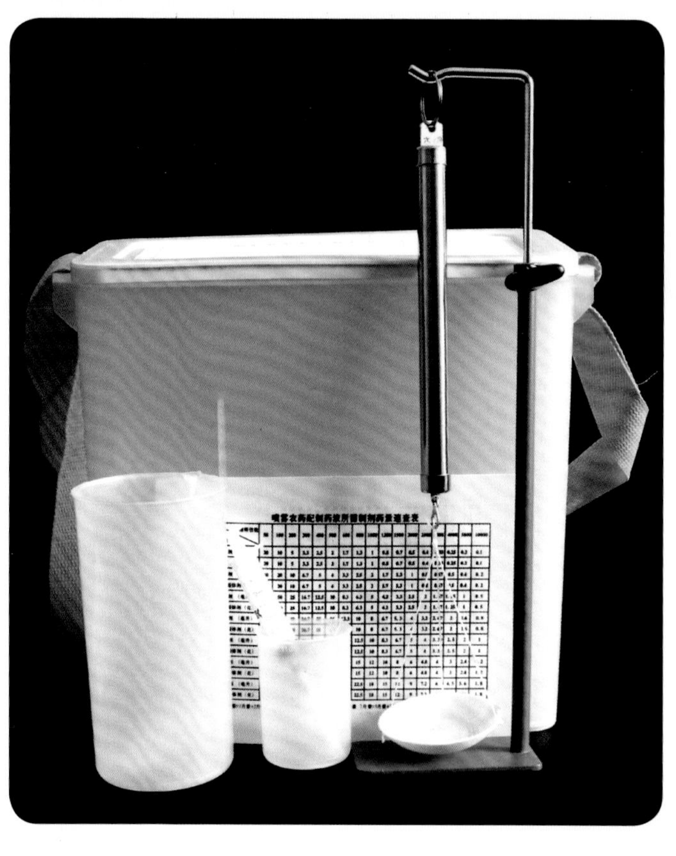

您知道农药是怎么分类的吗？

按照防治对象通常把农药分为以下几类：

① 杀虫剂：直接毒杀或抑制害虫，通过它来控制害虫，减轻害虫危害；

② 杀螨剂：防治植食性的有害螨类，如红蜘蛛、茶黄螨等；

③ 杀菌剂：用它来抑制、杀死病原物，中和有毒代谢物；

④ 杀线虫剂：防治农作物的线虫病害；

⑤ 除草剂：防除田间杂草；

⑥ 杀鼠剂：毒杀各种场合的各种有害鼠类；

⑦ 植物生长调节剂：用它来控制、促进或调节植物生长发育。

您知道农药的毒性分级吗？

农药的毒性分级是：剧毒、高毒、中等毒、低毒、微毒五个级别，分别用“ ”标识和“剧毒”字样、“ ”标识和“高毒”字样、“ ”标识和“中等毒”字样、“ ”标识、“微毒”字样标注。标识为黑色，描述文字应当为红色。

毒性分级	大鼠LD_{50}（毫克/千克或毫克/米^3）			标签上的显示	
	经 口	经 皮	吸 入	标 志	描述（用红字）
剧 毒	≤5	≤20	≤20		剧毒
高 毒	5～50	20～200	20～200		高毒
中等毒	50～500	200～2 000	200～2 000		中等毒
低 毒	500～5 000	2 000～5 000	2 000～5 000	低毒	低毒
微 毒	＞5 000	＞5 000	＞5 000		

 杀虫剂的胃毒、触杀和熏蒸作用是怎么回事？

胃毒作用是指农药通过昆虫取食后，经肠道吸收进入体内杀死昆虫而起到的毒杀作用；

触杀作用是指农药接触到昆虫体壁（昆虫表皮）后起到的毒杀作用；

熏蒸作用是指农药以气体状态通过昆虫呼吸器官进入体内而起到的毒杀作用。

 常见农药符号有哪些，您认识吗？

常见农药符号有：粉剂—DP，片剂—TB，缓释剂—SR，乳油—EC，可湿性粉剂—WP，可溶性粉剂—WSP（SP），颗粒剂—GR（G），微粒剂—MG，悬浮剂（胶悬剂）—SC，胶囊剂—CF，微胶囊剂—MC（CS），水剂—AS（SO），可溶性粉剂—SP，可溶性粒剂—SG，水分散性粒剂—WDG，水溶性浓缩剂—SCW，油剂—OL，烟剂—FU，气雾剂—AE，水乳剂—EW，浓乳剂—CE，悬浮剂—FW，悬浮乳剂—SE，可分散粒剂—WG，可溶性液剂—SL，拌种剂—SD，干种子处理剂—DS，拌种用水溶性粉剂—SS，拌种用可湿性粉剂—WS，拌种用溶液—LS，悬浮种衣剂—FS，超低容量液剂—UL，饵剂—RB，蚊香—MC，电热蚊香片—EM，电热蚊香液—EL。

 您还认识一些相关符号吗？

有效成分—ai，百万分之一—ppm，超低容量—ULV，允许残留限量—MRL，每日允许摄入量—ADI，酸碱度—pH，重量—WT，千克—kg，克—g，毫克—mg，升—L，毫升—ml，公顷—hm^2，米—m、分米—dm、厘米—cm、毫米—mm、微米—μ、平方米—m^2、立方米—

m^3、有害生物综合防治—IPM，联合国粮农组织—FAO，国际标准化组织—ISO，世界卫生组织—WHO。

6 哪些是农药常用剂型?

农药常用剂型有：可湿性粉剂、乳油、悬浮剂、烟剂、粉剂、颗粒剂、水分散粒剂、水乳剂等。

7 什么样的剂型对环境友好安全?

对环境友好安全的剂型主要有水乳剂、微乳剂、微囊剂、水剂、悬浮剂、干悬剂等。

8 您知道农药标签的内容吗?

农药标签是一个农药品种的身份，合格的农药标签可以指导人们科学合理安全地使用农药。按我国《农药登记标签内容要求》和《农药使用说明书内容要求》的规定，农药标签的内容包括：农药名称、有效成分、含量、剂型、农药登记证号或农药临时登记证号、农药生产许可证号或农药生产批准文件号、产品标准号、企业名称及联系方式、生产日期、产品批号、有效期、重量、产品性能、用途、使用技术和使用方法、毒性及标识、注意事项、中毒急救措施、贮存和运输方法、农药类别、象形图及其他经农业部核准要求标注的内容。

杀鼠剂产品标签还应当印有或贴有规定的杀鼠剂图案和防伪标识。

分装的农药产品标签与生产企业使用的标签一样，上面还标有分装企业名称、联系方式、分装登记证号、分装农药的生产许可证号或农药生产批准文件号、分装日期，有效期。

不同类别的农药采用在标签底部有一条与底边平行不褪色的特征颜色标志带。除草剂用“除草剂”字样和绿色带表示；

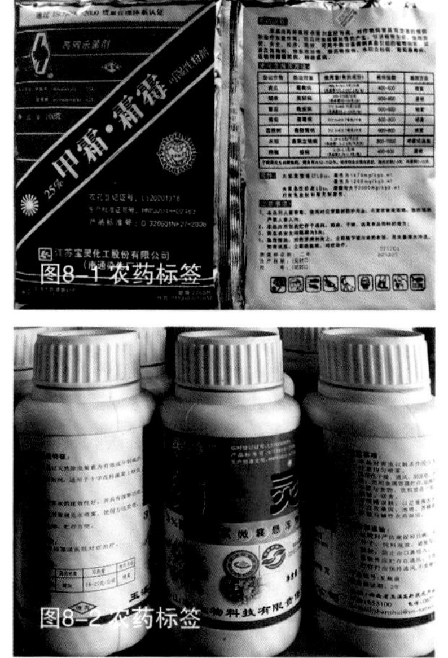

图8-1 农药标签

图8-2 农药标签

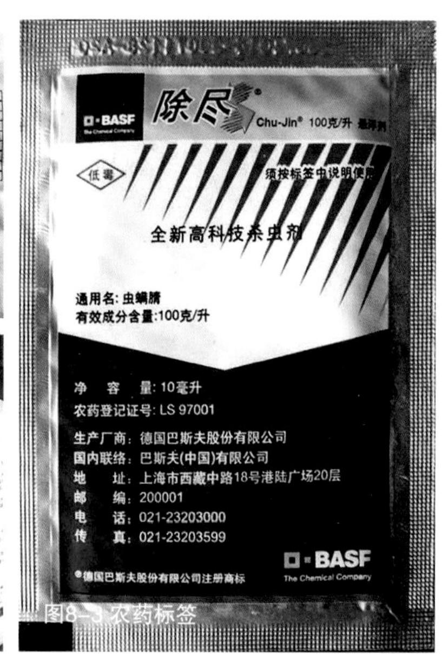

图8-3 农药标签

杀虫（螨、软体动物）剂用“杀虫剂”或“杀螨剂”“杀软体动物剂”字样和红色带表示；杀菌（线虫）剂用“杀菌剂”或“杀线虫剂”字样和黑色带表示；植物生长调节剂用“植物生长调节剂”字样和深黄色带表示；杀鼠剂用“杀鼠剂”字样和蓝色带表示；杀虫/杀菌剂用“杀虫/杀菌剂”字样以及红色和黑色带表示（图8-1～图8-3）。

9 购买农药时需要注意什么？

（1）注意农药名称。无论国产农药还是进口农药，必须有农药有效成分的中文通用名称及含量和剂型。

（2）注意农药“三证”号。“三证”号是指农药登记证号、生产许可证号或批准文件号、产品标准号。国产农药必须有农业部批准的农药登记证号、准产证号、企业执行的质量标准证号；直接销售的进口农药只有农药登记证号；国内分装的进口农药，应有分装登记证号、分装批准证号和执行标准号。

农药登记证分为正式登记证和临时登记证，对田间使用的农药，临时登记证号用“LS”表示，如LS20071573；正式登记证号用“PD”表示，如PD20080005。

（3）注意使用范围和方法。包括适用作物、防治对象、亩用量、稀释倍数（或浓度）、施药方法等。

根据需要防治农作物病、虫、草、鼠害，选择与标签上标注的适用作物和防治对象相同的农药。当有几种农药产品可供选用时，可优先选择用量少、毒性低、残留小、安全性好的产品。

在蔬菜、果树和中草药上禁止使用高毒、剧毒农药。

（4）注意净含量、生产日期、批号及有效期。农药标签上应标明产品的净含量。净含量应使用国家法定计量单位表示，固体农药一般以质量单位克（g）或千克（kg）表示；液体农药有的以质量单位克（g）或千克（kg）表示，有的以体积单位毫升（ml）或升（L）表示。

农药标签上应标注生产日期、批号及有效期，生产日期按年、月、日的顺序标注，年份用四位数字表示，月、日分别用两位数表示；有效期可分别用产品质量保证期限、有效日期或失效日期表示。根据生产日期和有效期判定产品是否还在质量保证有效状态。不购买没有生产日期或已过期的农药。

（5）注意农药类别。各类农药标签下方均有一条与底边平行的不褪色的特征颜色标志带，表示不同种类农药（公共卫生用农药除外）。农药产品中含有两种或两种以上不同类别的有效成分时，其产品颜色标志带应由各有效成分对应的标志带分段组成。

杀菌剂—黑色、杀虫/螨/螺剂—红色、除草剂—绿色，杀鼠剂—蓝色、植物生长调节剂—深黄色（图9-1～图9-4）。

图9-1 杀虫剂

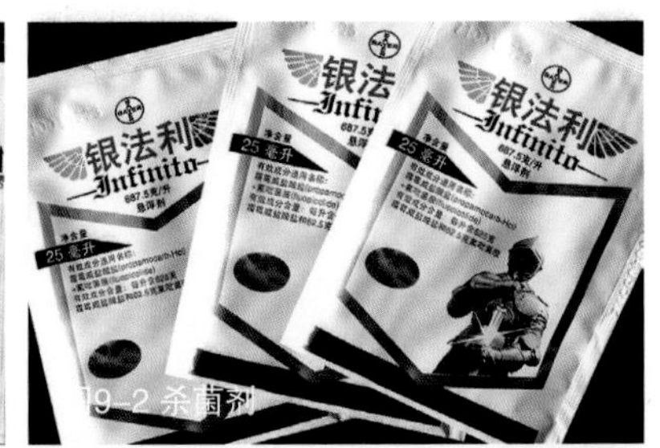

图9-2 杀菌剂

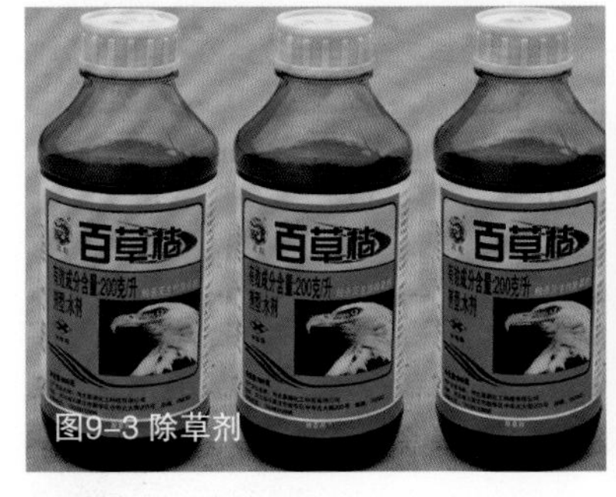

图9-3 除草剂

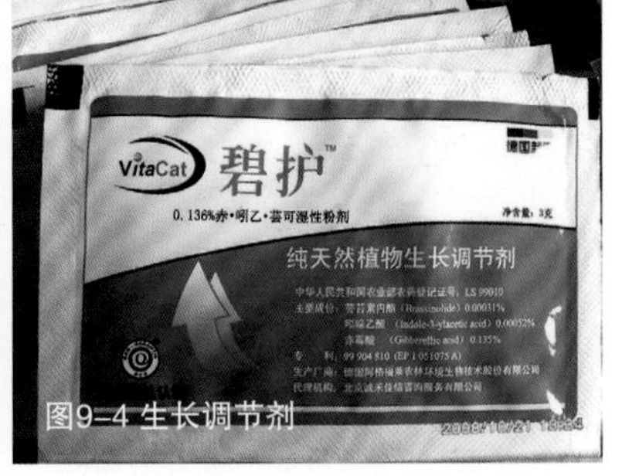

图9-4 生长调节剂

(6) 注意毒性标志。农药标签上在显著位置标明农药的毒性和毒性标志，按“农药毒性分级标准”我国农药毒性分为五级：剧毒、高毒、中等毒、低毒和微毒。不同毒性的农药产品有不同级别的标志，同时用红色字体注明标志所对应的毒性。

(7) 注意认真辨别农药质量。建议到正规农药销售商店购买，购买时注意向卖方索要有效票据。

10 为什么不能随便兑药?

您是凭经验随意配兑农药吗？固体农药和液体农药您怎么量取呢？兑农药的水您量了吗？如果兑药不准结果会怎么样呢？（图10）

我们举个例子您就会明白了，假如我们要配10升（约10千

图10 随意兑药

克）500倍的药液防治病虫，准确量取液体农药应该是20毫升（固体农药20克），如果少于20毫升，也就是药液用药量不够，结果是施药后没有效果或效果不好，还会人为诱导病虫迅速产生抗药性；如果农药多于20毫升，也就是药液加农药过量，多余的药量形成了不必要浪费、污染环境或增加产品农药残留甚至残留超标，若农药不安全还会发生药害，没有杀灭的病菌和害虫同样会迅速产生抗药性，而且是强抗药性。如果兑药的水不量准的话，同样会出现上面一样的情况。

事实上，在过去很多情况下配兑药液加入的农药不是多就是少，农药浪费损失是30%、50%您知道吗？

11 什么是农药残留？

使用农药防治病虫草害时，农药会附着在作物表面或进入作物体内，采收后仍然保留在作物表面和作物体内的现象叫做农药残留，农药残留的数量值称为农药残留量。

为保证产品质量，对于每一种农药，在一大类作物（蔬菜）甚至每一种作物（蔬菜）的不同部位，国家都规定了允许的农药残留量。

12 什么是农药安全间隔期？

安全间隔期是指最后一次施药至产品收获（采收）前的这段时期，也就是自喷药后到农药残留量逐渐降到最大允许残留量所需要的间隔时间。果蔬等作物施用农药时，最后一次喷药与收获之间的时间间隔必须大于安全间隔期，以防产品农药残留超标，引起产品中毒。

13 什么样的农药为假农药？

有下列情形之一的为假农药（图13-1～图13-6）：

① 所含有效成分名称与核准的标签不符；

② 以非农药冒充农药或者以一种农药冒充另一种农药；

图13-1 农药药害

图13-2 不合格农药

图13-3 不合格农药

图13-4 假农药

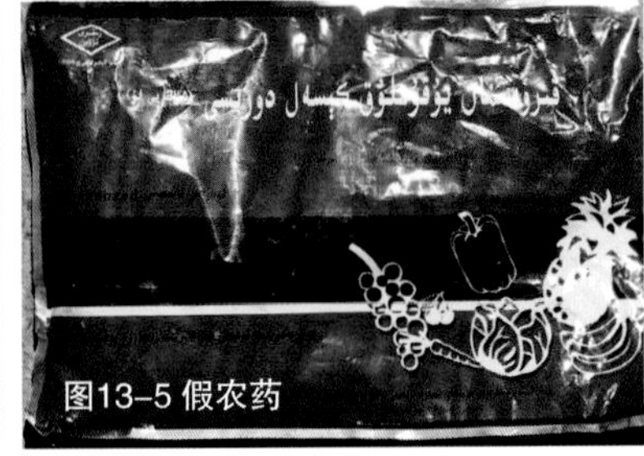
图13-5 假农药

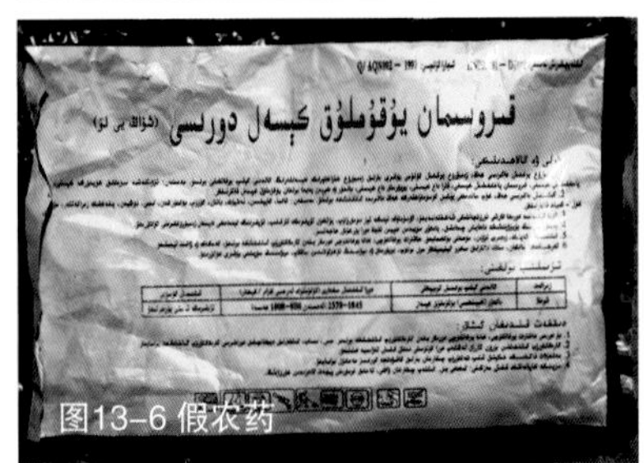
图13-6 假农药

③ 假冒、伪造、转让农药登记证或农药标签；

④ 国家正式公布禁止生产或撤销登记的农药。

14 什么样的农药是劣质农药?

有下列情形之一的为劣质农药（图14-1、图14-2）：

① 产品质量与农药产品标准要求严重不符的；

② 超过质量保证期并失去使用价值的，或限时使用而未标明失效时间的；

③ 混有能够导致药害或其他损失的有害成分的；

④ 包装或标签严重损坏的。

图14-1 假农药

图14-2 假农药

15 怎样简单辨别农药质量？

（1）**乳油**。观察外观无结晶析出、不分层、不浑浊。如果很冷时出现分层、浑浊或结晶析出的情况，在室温下要能溶解。

（2）**可湿性粉剂**。手触包装袋感觉为很细致的疏松粉末，无团块。

（3）**悬浮剂**。观察外观为略黏稠、可流动的悬浮液，但黏度非常小且均匀。如长时间存放出现分层，经手摇动后即可恢复均匀状态。

（4）**粉剂**。手触包装袋感觉应为疏松的细粉，无团块。

16 施用农药的常见方法有哪些？

（1）**喷雾法**。利用喷雾器械将药液雾化后均匀喷在植物和病虫表面。按所用药液量不同分为：常量喷雾（雾点直径100～200微米）、低容量喷雾（雾滴直径50～100微米）和超低容量喷雾（雾滴直径15～75微米）（图16-1～图16-3）。

农田多用常量和低容量喷雾，可选用乳油、可湿性粉剂、可溶性粉剂、水剂和悬浮剂（胶悬剂）等兑水配成规定浓度的药液喷雾。常量喷雾的药液浓度较低，用液量较

图16-1 常量喷雾

图16-2 低容量喷雾

图16-3 超低量喷雾

图16-4 硫磺熏蒸器

图16-5 粉尘法棚内施药

图16-6 粉尘法棚外施药

图16-7 烟雾施药

图16-8 自控常温烟雾施药

多；低容量喷雾药液浓度较高，用量较少（为常量喷雾的1/10～1/20），工效高，但雾滴容易飘移。

（2）喷粉法。利用喷粉器械喷撒粉剂的方法称为喷粉法。该法工作效率高，不受水源限制，适用于大面积防治。缺点是耗药量大，易受风的影响，散布不均匀，粉剂在茎叶上粘着性差，污染浪费严重，已被淘汰。

（3）熏蒸法。用熏蒸剂的有毒气体在密闭或半密闭设施中杀灭害虫或病菌的方法。有的熏蒸剂可用于土壤熏蒸消毒，用土壤注射器、土壤消毒机或通过滴灌系统将液态熏蒸剂注入土壤内，在土壤中成气体扩散。土壤熏蒸后需按规定等待一段时间，待药剂充分散发后才能播种，否则易产生药害（图16-4）。

(4) 粉尘施药法。借助喷粉器用一定风速的气流将1～100微米的固体农药颗粒喷施到设施内，使其长时间悬浮、扩散、沉降到作物和有害生物的表面。粉尘施药技术克服了喷雾法和烟雾法的缺点，药剂利用率显著提高，防治一亩仅用5～10分钟，具有简便省力、扩散均匀、不增加棚内湿度、防病虫效果好等优点，但不能有效防治设施害虫（图16-5、图16-6）。

(5) 烟雾法。将烟剂或雾剂引燃后形成药剂烟雾来防治病虫的方法。烟剂形成的烟是农药的固体微粒（直径0.001～0.1微米）分散在空气中，雾剂形成的烟是农药的小液滴分散在空气中。施药时用物理加热或化学加热来引燃烟雾剂，烟雾法施药扩散能力强，适宜在密闭棚室中应用（图16-7）。

(6) 常温烟雾法。是通过常温烟雾施药机利用高速高压气体或超声波原理在常温下将药液破碎成超微粒子（20～50微米），在设施内充分扩散，长时间悬浮，对病虫进行触杀、熏蒸，同时对棚室内设施进行全面消毒灭菌的方法。它具有以下优点：①省药、节水，较常规施药节省农药20%～40%，亩施药液2～4升，较常规施药节水近30倍，不增加空气湿度，施药不受天气限制；②施药均匀、扩散性能好，药剂附着沉积率高，尤其适合棚室内作物病虫防治；③对药剂适应性广，将药液变成烟雾时无需加热，不受农药剂型限制，水剂、油剂、乳剂、微乳剂、可分散粒剂、微胶囊剂、可湿性粉剂等常用剂型均可进行常温烟雾施药；④不损失农药有效成分，在常温下将药液物理破碎呈烟雾状，药剂有效成分无任何损失；⑤施药无需进棚作业，效率高，省工、省力、对施药者无污染；⑥应用范围广，不但可用于设施园艺，还可用于工业水雾降温、增湿、卫生杀虫、灭菌、防疫和食用菌生产等方面（图16-8～图16-10）。

(7) 种子处理。常用的有拌种、浸种、闷种和种衣剂包种。种子处理可以防治种传病虫，并保护种苗免受土壤中病菌侵染，用内吸剂处理种子还可防治地上部分病虫。拌种剂（粉剂）和可湿性粉剂用于干法拌种，乳剂和水剂等液体药剂可用湿法拌种，即加水稀释后喷布在干种子上拌和均匀；浸种法是用药液浸泡种子；闷种法是用少量药液喷拌种子后堆闷一段时间再播种；种衣剂包种是用药剂进行种子包衣，使杀菌剂缓慢释放，延长药剂有效期（图16-11、图16-12）。

图16-9 常温烟雾施药

图16-10 自控常温烟雾施药空棚消毒

(8) 土壤处理法。在播种前将药剂施于土壤中，用来防治土壤中的病虫。土表处理是用喷雾、撒毒土等方法将药剂全面施于土壤表面，再翻耕到土壤中；深层施药是施药后深翻或用器械直接将药剂施于土壤深层（图16-13、图16-14）。

防治稀植作物根部病害采取穴施或沟施法进行土壤处理效果较好。

(9) 撒施法、泼浇法。撒施法是将颗粒剂药剂或毒土直接散布在植株根部周围。毒土是将乳剂、可湿性粉剂、水剂或粉剂与具有一定湿度的细土按一定比例均匀混合。撒施法施药后应灌水，以便药剂渗透到土壤中。泼浇法是将杀菌剂加水稀释后泼浇于地面或植株基部（图16-15）。

图6-11 种子处理剂
图6-12 种子药剂包衣
图16-13 撒施毒土
图16-14 药液土表喷雾

图16-15 辣根素水乳剂泼浇处理土壤

17 如何做到科学合理地使用农药？

（1）根据病虫选农药。根据农药的防治对象选择最合适的农药品种。

（2）根据农药剂型选择最适宜的施药方法施药。可湿性粉剂不能用于喷粉；颗粒剂、粉剂或粉尘剂不能够用于喷雾；胃毒剂不能用于涂抹；内吸剂一般不宜制做毒饵；烟雾施药和常温烟雾施药必须保持棚室密闭。

（3）适期用药。根据病虫草害发生特点，在最佳时期适时施药。

（4）交替用药。交替轮换用药，避免产生抗药性。

（5）控制毒性级别。在蔬菜、果树上严禁使用剧毒、高毒、高残留农药（图17-1～图17-3）。

（6）精确配药。严格按农药说明书指定浓度用精准施药配套量具精确配兑农药。

（7）按照间隔期施药。严格按照国家规定的农药安全使用间隔期施药，间隔时间没超过农药安全间隔期（等待农药降解到不影响产品质量的时间）不能收获上市。

图17-1 违章使用高毒农药

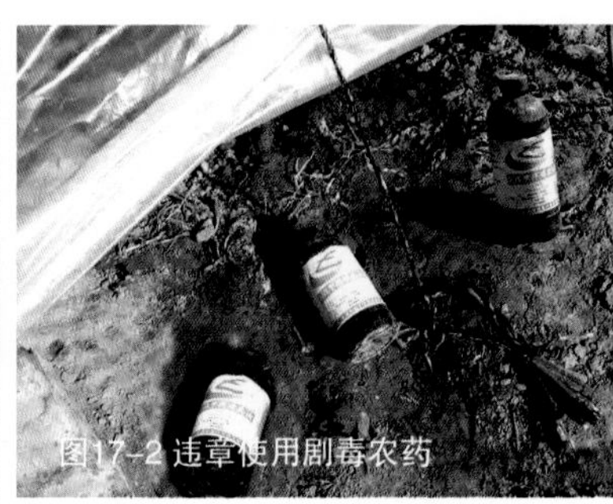
图17-2 违章使用剧毒农药

图17-3 违章使用剧毒农药

18 如何做到精准施药？

配兑农药时首先明确要防治的病虫需要配多大浓度的药液进行喷雾，一个喷雾器装多少水应该加多少药量才是需要的浓度，尽量把农药、配药用的清水量取准确。配兑农药时最好使用精准施药配套量具，它能满足各种浓度农药配药需要，简便、实用。精准施药配套量具包括5毫升（一次性注射器）、50毫升和500毫升液体农药量具、量水的10升水（包装箱）箱和0.1～100克固体量具、药勺、清洁刷、配兑各种药液所需药量速查卡和精准施药技术要点顺口溜与使用说明等。采用配套量具按照农药标签上规定的用药量或稀释倍数称量农药，不随意增减用药量（图18-1、图18-2）。

农药配兑精确后还需要使用合格的喷雾器，采用合适的喷药方法才可能真正实现全过程精准施药，因为使用不合格喷雾器和使用不恰当的喷药方法可能有70%以上的农药被浪费掉。以药液不

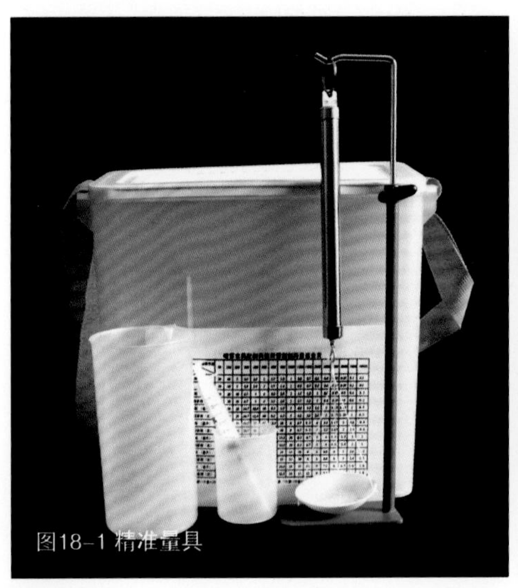
图18-1 精准量具

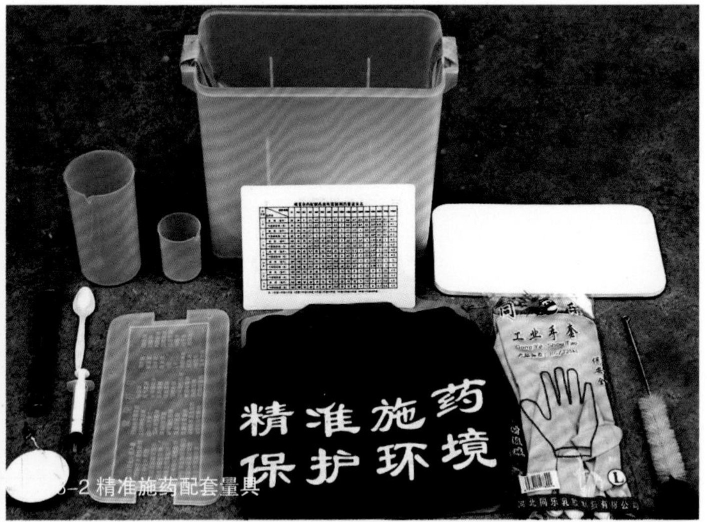

图18-2 精准施药配套量具

向下滴才算合适，正确的喷雾方法是保持喷雾器足够压力，喷头离蔬菜50厘米左右，一次慢慢喷过去，不要来回喷。

给您介绍一个精准施药顺口溜，请熟记，细心体会它的含义：“针对病虫选农药，合格器械做保障；兑药药水需量准，过浓过稀都不妙；作物表面均匀喷，喷头切忌来回找；雾滴要滴却没滴，防治病虫刚刚好。”

19 您知道农药增效剂的作用吗？

农药增效剂不是农药，通常对病、虫、杂草无毒杀作用，与农药混配使用可以提高农药效果、降低农药用量、节约生产成本，减缓病虫抗性、减少环境污染。增效剂按一定比例与农药溶液混合后就可以显著增加农药在植物表面、病虫表面的附着、滞留时间和提高对植物表皮的穿透能力，增加药液覆盖面，耐雨水冲刷，促进内吸型药剂通过气孔渗透，降低喷雾量，减少农药流失等（图19-1～图19-8）。

图19-1 施用有机硅喷雾效果

图19-2 普通喷雾效果

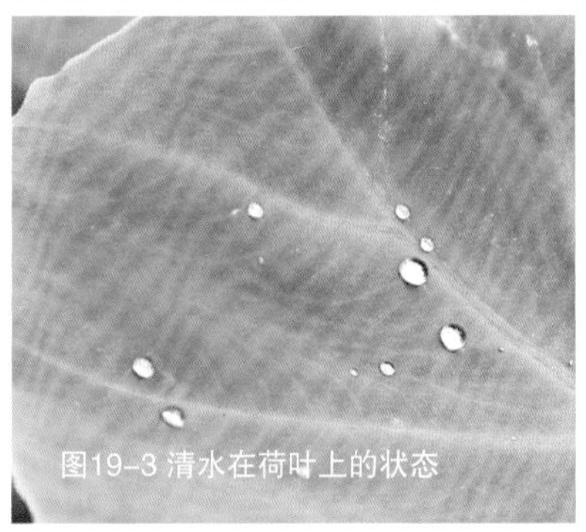
图19-3 清水在荷叶上的状态

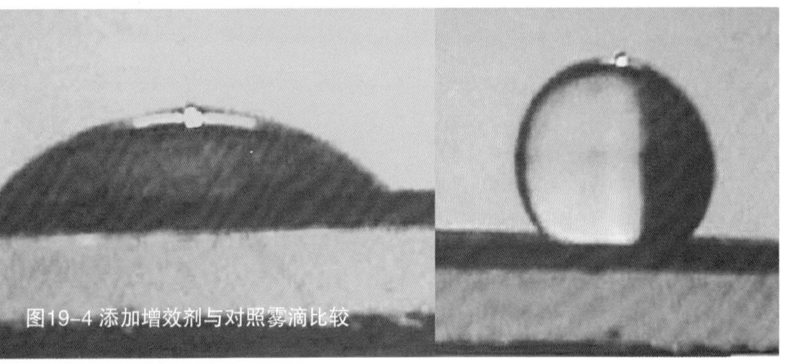
图19-4 添加增效剂与对照雾滴比较

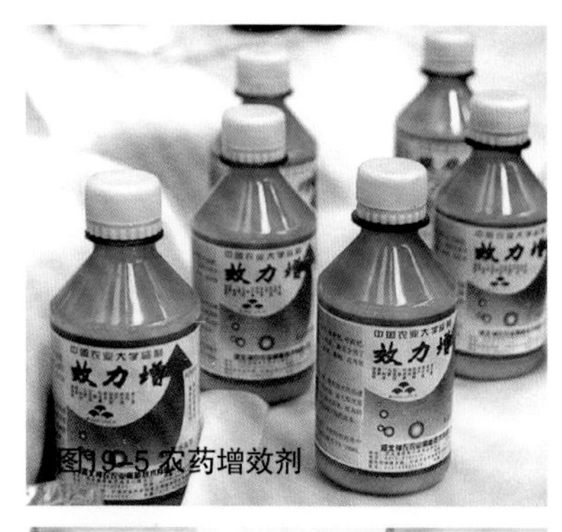
图19-5 农药增效剂

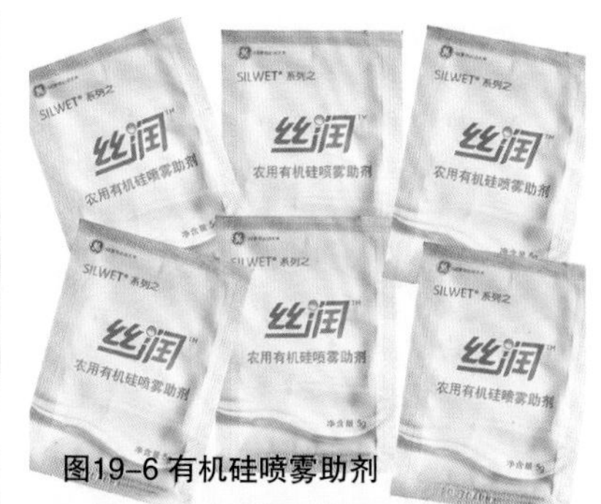

图19-6 有机硅喷雾助剂

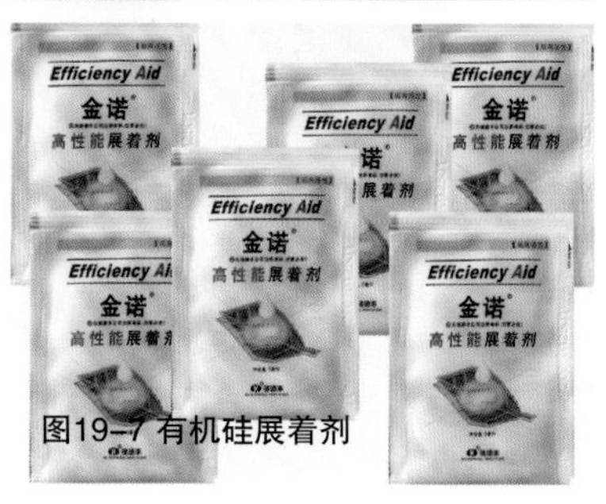

图19-7 有机硅展着剂

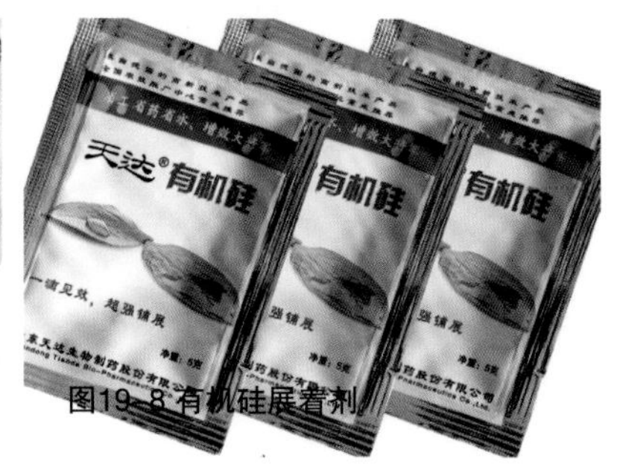

图19-8 有机硅展着剂

20 怎样科学混用农药?

科学合理地混用农药可以提高防效，扩大防治范围，延缓病虫抗药性，降低防治成本。如果混用不当，不仅起不到应有的效果，还极易使农作物产生药害、增加用药成本、造成人畜伤亡等事故。所以，在混用中应注意以下几点：

（1）**混用农药时一般不应让其有效成分发生化学变化**。常用农药一般分为酸性、碱性和中性，酸碱性农药不能混用。直观查看两种农药混合在一起不发热、不变色、不产生气体、无新的气味，兑成药液不分层、不沉淀、无气泡、也不变色等。

（2）**混用后不破坏药剂的药理性能**。两种乳油混用，要求仍具有良好的乳化性、分散性、湿润性；两种可湿性粉剂混用，要求仍具有良好的悬浮率及湿润性、展着性能。

（3）**杀菌剂农药不能与微生物农药混用**。杀菌剂对微生物有直接杀伤作用，若混用微生物即被杀死，微生物农药因此失效。

（4）**确保混合后药剂的安全性**。确保混用后不产生药害、不增加毒素，施用后对人畜、天敌等绝对安全，农产品的农药残留量应低于单用药剂。

（5）**混配农药品种搭配合理**。一是两者混配不但要求从药剂稳定性上可行，还应该增效或扩大防治对象；二是成本合理，混用要比单用成本低。如较昂贵的新型内吸性杀菌剂与较便宜的保护性菌剂品种混用，较昂贵的菊酯类农药与有机磷杀虫剂混用等。

(6) 明确农药混配后所含各种有效成分使用范围之间既有关系，更有区别。混用前需仔细阅读说明书，并在混用前先做可混性试验。混用农药品种要求具有不同的作用方式和兼治不同的防治对象。

21 农药混用的主要类型有几种?

农药混用有以下几种类型：杀虫剂＋增效剂、杀菌剂+增效剂、杀虫剂＋杀虫剂、杀菌剂＋杀菌剂、除草剂＋除草剂、杀虫剂＋杀菌剂、杀虫剂＋杀螨剂、杀螨剂＋杀菌剂等。

注意不能为省事省力，把多种防治病虫或其他对象的药剂随意混合使用。为避免浪费，充分发挥药剂作用，一般以两种农药混用为宜，确实需要多品种混用也不宜超过三种，再多就会产生不良后果，不但浪费农药、增大成本，还会加速病菌、害虫产生抗药性，甚至产生药害。

22 是不是发生病虫就必须防治?

多数情况下田间一发生病虫农民朋友就打药，其实不一定正确。是否必须防治，应全面考虑以下几点。

(1) 考虑经济上是否合算。投入的病虫防治费用起码应该和挽回病虫所造成的经济损失相等才合算。若病虫危害较轻，估计造成损失不大，施用药剂反而增加生产成本，这时就不必进行药剂防治。

(2) 看病、虫的发生数量（或密度）。若发生数量较少或密度很低，也不一定要进行药剂防治。

(3) 考虑天敌和其他环境因素对病、虫发生的影响。如田间害虫数量较大，但天敌数量也很大，可达到控制害虫的目的，造成经济损失较小，则不必施药。

23 发生药害后怎么补救？

（1）**施肥补救**。对产生叶面药斑、叶缘枯焦或植株黄化等症状的药害，增施肥料可一定程度减轻药害。

（2）**灌溉补救**。对一些除草剂引起的药害，适当灌溉可一定程度减轻药害。

（3）**激素补救**。对于抑制或干扰植物生长的除草剂发生药害后，喷洒植物细胞分裂素（如赤霉素等），可一定程度缓解药害。

24 如何正确使用喷雾器喷施农药？

（1）采取单侧喷雾，并使喷头与作物保持一定的距离，严禁将喷头紧贴作物表面喷洒。

（2）针对不同作物的不同病虫草害，选用不同的喷雾部件。

（3）露地施药始终处于上风向位置，不要进入刚施过农药的作物田内。

（4）雨天、大风天和高温季节（30℃以上）的中午不要施用农药。

（5）喷雾器中药液量不要超过药桶最大容量刻度，避免晃出桶外使施药人员中毒。

25 如何排查喷雾器故障？

喷施农药前，施药人员应仔细检查喷雾器的开关、接头、喷头等是否拧紧，药桶有无滴漏，避免漏出药液毒害人体和污染环境。

喷施农药过程中发生喷头堵塞、接头处滴漏等故障，先用清水冲洗喷头、接头等处后，再予排除。禁止用嘴吹滤网，也不能用金属物体捅喷头。

喷雾器整体出现跑、冒、滴、漏现象时，马上更换新喷雾器。

26 怎样处理未用完的农药?

施药结束后，剩余药液应选择安全地点妥善处理，不能随地泼洒；喷雾器要及时清洗干净，清洗施药器械的污水应选择安全地点妥善处理，不随地泼洒，防止造成对其他作物产生药害以及污染水源、养鱼池塘和河流；喷药器械与剩余农药一起送固定地点妥善保管。

27 怎样安全处理农药包装等废弃物?

农药包装废弃物主要包括：农药箱、瓶、桶、罐、袋等。一是严禁作为他用，特别注意不要用盛过农药的容器装食物或饮料。二是不要随地乱扔或长时间露天堆放。

完好无损的包装可由销售部门或生产厂家统一收回；金属罐和桶，在清洗压扁后在地面50厘米以下深埋；玻璃容器需打碎后深埋；农药包装箱、包装纸板、包装袋、清洗后的塑料容器等在远离村庄处集中焚烧，焚烧时人不要站在火焰产生的烟雾中。现在有关部门集中统一回收处理，一定范围内可统一收集后送到专门消纳的单位做焚烧处理，使用者应把它们集中放在安全的地方保存，分批送交处理部门（图27-1～图27-4）。

图27-1 农药包装集中回收

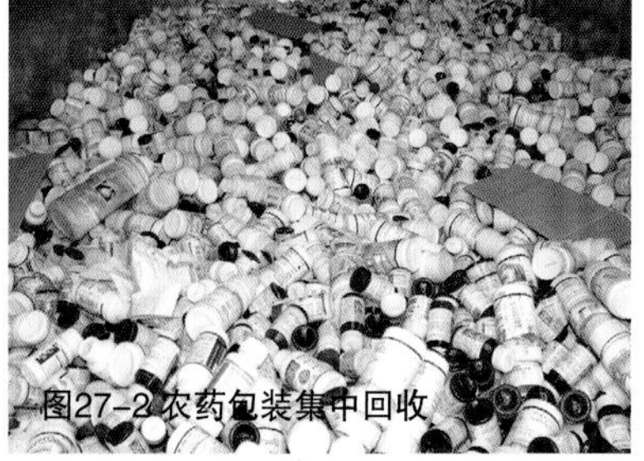
图27-2 农药包装集中回收

图27-3 农药包装集中无害处理

图27-4 农药包装集中无害处理

参考文献

蔡添俊. 蔬菜生长发育对温度的要求[J]，福建农业，1994（3）.

贾长才，李海真，张帆等. 甜瓜、西瓜专用砧木品种——京欣砧3号的选育和推广[J]，中国瓜菜， 2011（5）.

李隆术. 蜱螨学纲要[J]，西南农学院学报，教学科研专著，1981（增刊）.

李涛. 水肥一体化技术[J]，农业知识， 2011（23）.

乔磊，杨志萍，李立国等. 昆虫性诱剂防治技术[J]，中国园艺文摘， 2010（3）.

R B Maude，雷得漾. 种子处理[J]，世界农药 1992（6）.

师迎春，郑建秋. 保护地黄瓜主要病虫综合防治技术[J]，中国蔬菜，1997（1）.

师迎春，郑建秋，吴宝新等. 北京郊区特种蔬菜主要病虫的防治技术[J]，中国蔬菜，1998（1）.

师迎春，郑建秋，徐公天等. 小菜蛾性诱部器研制与应用[J]，中国蔬菜，2005（1）.

唐浩，李军民，吴家全等. 温室蔬菜热害、寒害、冻害的发生原因及预防措施[J]. 中国植保导刊，2009（7）.

王晓青，曹金娟，郑建秋等. 臭氧防治植物病害的研究进展[J]，中国植保导刊，2011（4）.

肖长坤，郑建秋，张涛等. 设施草莓白粉病综合防治技术[J]，中国蔬菜，2009（9）.

许勇，康国斌，刘国栋等. “京欣砧一号”与西瓜断根嫁接技术[J]，长江蔬菜，2001（8）.

薛允连. 多功能农膜的分类及特点[J]，吉林农业，1999（1）.

张扬，郑建秋，吴学宏等. 北京延庆甘蓝枯萎病发生和危害调查[J]，中国农学通报，2007（5）.

张芸，郑建秋，师迎春等. 番茄抗根结线虫病品种筛选[J]，中国蔬菜，2006（10）.

郑建秋. 京郊保护地番茄病虫综合防治技术[J]，植保技术与推广，1995（1）.

郑建秋. 京郊保护地蔬菜病虫发生与防治现状[J]，中国蔬菜，1995（3）.

郑建秋. 无公害蔬菜生产的发展趋势存在问题与面临的任务[J]，北京农业，2004（特）.

郑建秋，曹坳程，郑翔等，京郊蔬菜病虫发生与防治技术[J]，中国蔬菜，2012（9）.

郑建秋，卢志军，师迎春等. BT2008-Ⅰ型自控臭氧消毒常温烟雾施药机[J]，中国蔬菜，2009（3）.

郑建秋，卢志军，郑翔等. 番茄疑似蕨叶病毒病的识别与防治[J]，中国蔬菜，2009（1）.

郑建秋，罗维德. 蔬菜害虫防治技术的发展与应用[J]，昆虫知识，1992（3）.

郑建秋，师迎春. 发展无公害蔬菜生产必须重视“源头”[J]，中国蔬菜，2002（2）.

郑建秋，师迎春. 蔬菜病虫害的综合治理（四）保护地番茄主要病虫综合治理[J]，中国蔬菜，1997（4）.

郑建秋，师迎春，现代化施药机械——自动转向微电脑自控施药常温烟雾机[J]，中国蔬菜，2004（6）.

郑建秋，师迎春. 中国蔬菜害虫的发生与防治技术[J]，农药，1996（2）.

郑建秋，师迎春，胡铁军. 蔬菜菌核病识别与防治[J]，中国蔬菜，2005（2）.

郑建秋，师迎春，刘晓策等. 北京地区保护地美洲斑潜蝇综合防治配套技术[J]，植保技术与推广，1999（增）.

郑建秋，师迎春，许波等. 日光能高温消毒土壤防治蔬菜土传病虫害[J]，中国蔬菜，1999（3）.

郑建秋，师迎春，张芸等. 灯光诱杀防治韭菜迟眼蕈蚊（韭蛆）[J]，中国蔬菜，2005（12）.

郑建秋，师迎春，张芸. 京郊大白菜病虫害综合防治技术[J]，中国蔬菜，1996（1）.

郑建秋，师迎春，张芸等. 设施园艺土壤消毒技术研究与应用[J]，植物病理学报，2001（3）.

郑建秋，藏君彩，张芸等. 绿色韭菜植保技术应用[J]，植保技术与推广，1999（3）.

郑建秋，张芸，胡荣娟等. 保护地蔬菜粉尘施药技术[J]，植保技术与推广，1995（5）.

郑建秋，张芸，师迎春等. 斑潜蝇田间药剂防治试验设计与调查方法探讨[J]，植保技术与推广，2001（10）.

中国蔬菜编辑部，品种品牌推介——抗番茄黄化曲叶病毒病粉果番茄品种[J]，中国蔬菜2012（15）.

朱春雨，谢炳炎，郑建秋等.基于本体的蔬菜农药安全施用专家系统[J]，农业机械学报，2011（5）.

蔡世英、江亦行、王惠宁.植物生长调节剂在蔬菜上的应用[M]，北京：蔬菜杂志社，1992.

陈贵林等.蔬菜嫁接育苗彩色图说（第2版）[M]，北京：中国农业出版社，2010.

陈庆恩、白金铠、史耀波.中国大豆病虫图志[M]，长春：吉林科学技术出版社.，1987.

程卓敏.新编植物医生手册[M]，北京：中国化工出版社，2010.

方中达.植病研究方法[M]，北京：农业出版社，2004.

冯兰香、杨又迪.中国番茄病虫害及其防治技术研究[M]，北京：中国农业出版社，1999.

冯兰香，郑建秋，师迎春.番茄、甜（辣）椒、茄子病虫害诊断与防治新技术[M].北京：中国标准出版社，1998.

冯兰香，郑建秋，师迎春.番茄 茄子 甜椒病虫害防治技术[M]，北京：中国标准出版社，1999.

翁祖信.新编瓜类蔬菜病虫防治图说[M]，北京：中国农业出版社，1998.

侯明生，黄俊斌.农业植物病理学[M]，北京：科学出版社，2011.

蒋秋明、田爱民.蔬菜高优新实用栽培技术[M]，北京：气象出版社，1993.

康乐.斑潜蝇的生态学与持续控制[M]，北京：中国科学出版社，1996.

李成章、罗志义.农业昆虫一百种鉴别图册[M]，上海：上海科学技术出版社，1979.

李涉琴、张立今、陆杰.日光温室蔬菜生理障害与病虫害防治[M]，北京：中国农业出版社，1996.

李式军.蔬菜遮阳网、无纺布、防雨棚覆盖栽培技术[M]，北京：中国农业出版社，1993.

廖华明，宁红，秦蓁.茄果类蔬菜病虫害绿色防控技术百问百答[M]，北京：中国农业出版社，2010.

刘连馥.绿色食品实务[M]，济南：山东人民出版社，1993.

刘秀芳.西瓜蔬菜病害图解[M]，合肥：安徽科学技术出版社，1990.

[美]J. N. 萨塞 W. R. 詹金斯编，毕志树、陈品三等译.线虫学基础与进展——植物寄生性和土壤型线虫[M]，北京：中国农业出版社，1985.

[美]N. W. Schaad，张克勤译.植物病原细菌鉴定实验指导[M]，贵阳：贵州人民出版社，1986.

[美]R. T老什和B. E. 塔巴什尼可.害虫的抗药性[M]，北京：化学工业出版社，1995.

戚佩坤.广东省栽培药用植物真菌病害志[M]，广州：广东科技出版社，1994.

全国农业技术推广服务中心.植物检疫对象手册[M]，北京：中国农业出版社，1998.

任欣正.植物病原细菌的分类和鉴定[M]，北京：中国农业出版社，1994.

[日]加藤徹、刘宜生、高振华等.蔬菜的生长发育——理论和观察方法[M]，北京：中国农业出版社，1981.

[日]全农肥料农药部，张有山译.黄瓜的营养与生理障害[M]，北京：北京科学技术出版社，1990.

师迎春，易齐，郑建秋.菜园农药安全使用技术[M]，北京：中国农业出版社，2004.

舒惠国.菜田农药使用指南[M]，北京：中国农业出版社，1998.

谭增亮、张炎光、王育义.蔬菜病虫害无公害防治[M]，北京：科学技术文献出版社，1992.

屠予钦.农药科学使用指南[M]，北京：金盾出版社，1989.

邢来君，李明春.普通真菌学[M]，北京：高等教育出版社，1999.

袁美丽.吉林省栽培植物细菌病害志[M]，长春：吉林科学技术出版社，1992.

姚允聪等.常用农药安全使用[M]，北京：中国农业大学出版社，1999.

[英]复旦大学生物系植物病毒研究室译.植物病毒志，第二集[M]，上海：上海科学技术出版社，1986.

[英]联邦真菌研究所应用生物学家学会.植物病毒志，第一集[M]，上海：上海科学技术出版社，1981.

尤其儆、黎天山、张永强等.广西经济昆虫图册，植食性昆虫[M]，桂林：广西科学技术出版社，1990.

张有山、苢明、张腾福等.番茄营养生理障害与病虫防治[M]，北京：北京科学技术出版社，1992.

赵永志. 蔬菜测土配方施肥技术理论与实践[M]，北京：中国农业科学技术出版社，2012.

郑建秋. 现代蔬菜病虫鉴别与防治手册：全彩版[M]. 北京：中国农业出版社，2004.

郑建秋，师迎春. 特种蔬菜病虫害防治实用技术[M]，北京：中国农业出版社，1999.

郑建秋，师迎春，张芸等. 名特蔬菜159病虫害防治[M]，北京：中国农业出版社，2003.

郑翔，师迎春，张芸等. 瓜类蔬菜病虫防治技术百问百答[M]，北京：中国农业出版社，2011.

郑翔，郑建秋. 图说番茄病虫害防治关键技术[M]，北京：中国农业出版社，2011.

中国地膜覆盖栽培研究会. 地膜覆盖栽培技术大全[M]，北京：中国农业出版社，1988.

中国科学院动物研究所. 中国农业昆虫，上册[M]，北京：中国农业出版社，1986.

中国科学院动物研究所. 中国农业昆虫，下册[M]，北京：中国农业出版社，1986.

中国农学会. 保护地蔬菜医生[M]，北京：科学普及出版社，1994.

中国农业百科全书编辑部. 中国农业百科全书昆虫卷[M]，北京：中国农业出版社，1990.

中国农业百科全书编辑部. 中国农业百科全书农药卷[M]，北京：中国农业出版社，1993.

中国农业百科全书编辑部. 中国农业百科全书植物病理学卷[M]，北京：中国农业出版社，1996.

周茂繁. 植物病原真菌属分类图索[M]，上海：上海科学技术出版社，1989.

朱国仁、李宝栋、张秋芳等. 塑料棚、温室蔬菜病虫害防治[M]，北京：金盾出版社，1991.

朱国仁、李宝栋、赵建周等. 新编蔬菜病虫害防治手册[M]，北京：金盾出版社，1990.

朱国仁、张芝利、沈崇尧. 主要蔬菜病虫害防治技术及研究进展[M]，北京：中国农业科技出版社，1992.

郑建秋，郑翔，陈玉俊等. 控制农业面源污染科普挂图，北京：中国林业出版社，2011.

郑建秋. 保护地蔬菜粉尘施药技术开发及主要病虫综合防治技术推广应用[R]. 北京市植物保护站项目总结报告，1991～1994.

郑建秋. 蔬菜根结线虫病发生规律及综合防治技术研究与应用[R]. 北京市植物保护站项目总结报告，1997.

郑建秋. 保护地蔬菜粉尘施药技术开发及推广应用[R]. 北京市农业科技项目总结报告，1999-5.

郑建秋. 美洲班潜蝇发生测报与综合防治技术研究[R]. 北京市美洲斑潜蝇联合攻关协作组总结报告，1999.

郑建秋，何雄奎. 高毒农药替代与精准施药技术研究与应用[R]. 北京市农业科技项目总结报告，2007-12.

郑建秋. 菜田土壤消毒技术开发与应用[R]. 第三届全国秋冬季设施农业新技术推广会会刊，2003-9.

郑建秋. 蔬菜根结线虫病综合治理技术研究与示范应用[R]. 北京市农业科技项目技术总结报告，2009-12.

郑建秋等. 设施蔬菜根结线虫病综合治理技术研究与应用[R]. 北京市科学技术奖申报材料，2011-5.

郑建秋. 农业主题园有机废弃物循环利用技术试验示范项目技术[R]. 北京市农业科技项目总结，2010-5.

郑建秋. 蔬菜根结线虫危害现状调查及防治方法筛选[R]. 北京市农业科技项目总结，2007-11.

郑建秋. 新型植保机械示范推广[R]. 北京市农业科技示范项目总结，2004-6.

史殿林，冯云，王宇等. 北京市农业生态环境状况报告[R]. 北京市农业环境调查工作总结，2006-6.

曹坳程等. 土壤消毒替代技术培训教材[G]，农业行业甲基溴淘汰项目，2009-8.

李季等. 2010年果类蔬菜主导品种和主推技术[G]. 果类蔬菜产业技术体系北京市创新团队，2010.

郑建秋. BT2000-Ⅲ自动转向自动控制常温烟雾施药机，精准施药系列配套量具，雷达双光自控害虫诱杀灯[G]. 现代农业的科技支撑——新品种、新产品、新技术系列专辑（一），2005-5.

郑建秋. 露地蔬菜病虫综合治理技术、新型植保药械使用技术、棚室表面灭菌技术[G]. 现代农业的科技支撑——新品种、新产品、新技术系列专辑（二），2005-5.

郑建秋，师迎春，许波等. 溴甲烷熏蒸土壤应用示范报告[G]. 北京市农业科技资料汇编（十四），1998-5.

欧阳喜辉. 绿色食品韭菜主要病虫害防治试验研究[D]. 中国农业大学硕士学位论文，2000-4.

周真真. 臭氧对蔬菜生产中三种土传真菌病害防控作用初探[D]. 中国农业大学硕士学位论文，2006-6.

郑建秋. 背负式脚拉稳压喷雾器[P]. 中国专利：200620134038. 9，发布日期：2005-6-08

郑建秋. 韭菜的有机化种植方法[P]. 中国专利：200610156347. 0，发布日期：2007-12-26

郑建秋. 韭菜有机化种植方法[P]. 中国专利：200610086560. 9，发布日期：2007-12-26

郑建秋. 利用臭氧杀灭土壤中有害生物的方法[P]. 中国专利：200610086501. 1，发布日期：2006-11-15

郑建秋. 利用臭氧杀灭园艺设施中有害生物的装置[P]. 中国专利：200610086744. 5，发布日期：2006-11-15

郑建秋. 利用太阳能热水杀灭设施园艺中土传病虫的装置[P]. 中国专利：200720104000. 1，发布日期：2007-8-22

郑建秋. 利用太阳能蒸汽杀灭设施园艺中土传病虫的装置[P]. 中国专利：200720104001. 6，发布日期：2008-1-16

郑建秋. 色板引诱结合高压电击捕杀害虫装置[P]. 中国专利：200520132610. 3，发布日期：2006-5-17

郑建秋. 色板引诱捕杀害虫的装置[P]. 中国专利：200720103999. 8，发布日期：2008-1-16

郑建秋. 杀灭土壤中各种有害生物的方法[P]. 中国专利：200610083914. 4，发布日期：2006 11-29

郑建秋. 杀灭温室土壤中各种有害生物的方法[P]. 中国专利：200610083913. X，发布日期：2006-11-29

郑建秋. 太阳能杀虫照明装置[P]. 中国专利：200820108435. 8，发布日期：2009-5-06

郑建秋. 太阳能沼气综合利用系统[P]. 中国专利：200820108433. 9，发布日期：2009-3-25

郑建秋. 土壤施药施肥器[P]. 中国专利：200520008943. 5，发布日期：2006-4-12

郑建秋. 农业垃圾臭氧无害处理装置[P]. 中国专利：200620116267. 8，发布日期：2007-5-02

郑建秋，师迎春. 便携式害虫成虫收集器[P]. 中国专利：200420084894. 9，发布日期：2006-1-04

郑建秋，师迎春，郑炜. 利用太阳能无害处理农业垃圾的系统[P]. 中国专利：200420009974. 8，发布日期：2006-3-08

郑建秋，师迎春，郑炜. 太阳能综合利用系统[P]. 中国专利：200410101810. 2，发布日期：2005-6-29

郑建秋，徐公天，师迎春. 小菜蛾封闭式性诱捕器[P]. 中国专利：03 277016. 2，发布日期：2004-10-20

郑建秋，徐公天，师迎春. 小菜蛾性诱捕器[P]. 中国专利：03 277213. 0，发布日期：2004-10-20

郑建秋，郑炜. 利用臭氧和烟雾型药物杀灭园艺设施中有害生物的装置[P]. 中国专利：200620123519. X，发布日期：2007-10-24

郑建秋，郑炜. 微电脑自控常温烟雾施药机[P]. 中国专利：200420056872. 1，发布日期：2006-3-08

郑建秋，郑炜，师迎春等. 精准施药配套量具[P]. 中国专利：200420056871. 7，发布日期：2006-3-08

郑建秋，郑炜，师迎春. 浮力式天平[P]. 中国专利：200420009975. 2，发布日期：2005-6-08

郑建秋，郑翔. 农林有机废弃物臭氧无害处理装置[P]. 中国专利：200820079055. 6，发布日期：2010-2-03

郑建秋，郑翔. 移动式臭氧消毒机[P]. 中国专利：200820079054. 1，发布日期：2008-12-03

郑炜，鲁宝香，郑建秋. 便携式常温烟雾机[P]. 中国专利：ZL 02 00872. 6，发布日期：2000-11-22

魏民峰，减用量 压残留 保环境 本市全面推广农药精准施用[N]，京郊日报，2005-1-29，

索引

1.侵染病害照片索引

B

白菜白粉病 31, 31
白菜根肿病 38
白菜黑腐病 42
病毒、真菌、细菌的比较 20
病土传带线虫 58

C

彩椒病毒病坏死畸形果 23, 23
彩椒黑斑病 38
彩椒炭疽病 37
彩椒疫病 113
菜豆根腐病 113
菜豆炭疽病 33
草莓白粉病 31, 31, 31
草莓根腐病 113
处理前根结线虫病危害状 118

D

大白菜软腐病 43
大葱白腐病 34
大豆胞囊线虫病 53, 53, 53
大面积传播根结线虫病的芦荟种苗 58
冬瓜根结线虫病 55

F

番茄白粉病 31
番茄斑萎病毒病病果 22
番茄斑萎病毒病病果 病毒 50
番茄病毒病矮化症状 22
番茄疮痂病 43
番茄疮痂病病果（细菌） 50
番茄猝倒病 33, 112
番茄腐霉腐烂病 34
番茄根结线虫病 55, 56, 56, 114
番茄根结线虫病（疑似病毒）病症状 53
番茄根结线虫病病根 100, 101
番茄根结线虫病病苗 57
番茄根肿病初期 38
番茄根肿病中后期 38
番茄根肿病中期 38
番茄花叶病毒病 23
番茄黄化曲叶病毒病 22
番茄黄化曲叶病毒病病苗 23
番茄黄化曲叶病毒病成株 22
番茄黄化曲叶病毒病后期受害状 22
番茄黄化曲叶病毒病前期受害状 23
番茄黄化曲叶病毒病植株畸形 23
番茄灰霉病 29, 29, 29, 36
番茄灰霉病果（真菌）49
番茄蕨叶病毒病 23
番茄菌核病 34, 34
番茄枯萎病 35, 35, 114
番茄溃疡病 42, 47, 47, 47, 47, 47
番茄立枯病 113
番茄镰刀菌腐烂病 34
番茄绵疫病 34
番茄苗早疫病 101
番茄青枯病 42
番茄软腐病 44
番茄酸腐病 37
番茄炭疽病 32
番茄条斑病毒病坏死斑 23
番茄条斑病毒病坏死病果 22
番茄条斑病毒病坏死病茎 23
番茄条斑病毒病畸形果 22
番茄晚疫病 29, 37
番茄叶霉病 29, 29
番茄疫病 36, 37, 37, 113
番茄缘枯病 42
番茄早疫病 29
肥料传带病虫 101

G

盖菜花叶病毒病 21
甘蓝斑点病 46
甘蓝黑腐病 42, 45
甘蓝角斑病 41, 41, 46, 46
甘蓝角斑病病叶（细菌） 50, 50
甘蓝枯萎病 36, 36, 36, 36
根结内产生大量线虫雌虫（梨形） 56
根结线虫病危害状 52, 52
根结线虫幼虫在根内染色 56
瓜苗根结线虫病 58
瓜苗根结线虫病病根 100

H

葫芦银叶病毒病 22
花椒锈病 30
花椰菜黑斑病 29
花椰菜黑腐病 42
花椰菜角斑病 42
黄瓜白粉病 31
黄瓜猝倒病 113
黄瓜根腐病 37
黄瓜根结线虫病 54, 56
黄瓜褐斑病 32, 32
黄瓜灰霉病 36
黄瓜灰霉病（后期形成小菌核）33
黄瓜角斑病 41, 41, 44, 46, 46, 46
黄瓜角斑病病叶（细菌） 51
黄瓜角斑病初期（细菌） 51, 51
黄瓜角斑病菌脓（细菌） 51
黄瓜角斑病叶背病斑（细菌） 51
黄瓜角斑病整株带菌（细菌） 51
黄瓜菌核病 36
黄瓜枯萎病 35, 35, 113
黄瓜枯萎病病茎 35, 51
黄瓜枯萎病病茎基部产生白霉（真菌） 51
黄瓜绿斑驳病毒病 22
黄瓜绿斑驳病毒病病叶（病毒） 51
黄瓜苗炭疽病 101
黄瓜霜霉病 28, 32, 32
黄瓜霜霉病病叶（真菌） 51, 51
黄瓜霜霉病叶背病斑（真菌） 51
黄瓜炭疽病 32, 32
黄瓜细菌性泡泡病 41

黄瓜疫病 37, 37
黄瓜缘枯病 41
混栽直接传播病虫 100, 101

J

姜黑粉病 31
豇豆根结线虫病 55, 114
豇豆细菌疫病 42
芥菜炭疽病 32
菌核病 113

K

苦瓜根结线虫病 55
苦菊菌核病 35, 35

L

辣（青）椒叶斑病 48
辣椒病毒病 77
辣椒疮痂病 41, 43
辣椒花叶病毒病 23
辣椒疫病 37, 113
辣椒早疫病 32
芦笋炭疽病 33
萝卜根肿病 38
萝卜花叶病毒病 22
萝卜软腐病 44

N

南瓜病毒病 22
南瓜根腐病 37
南瓜炭疽病 33

P

棚室表面传带病虫 101

Q

茄子猝倒病 113
茄子根结线虫病 55, 56, 56
茄子根结线虫病病苗 101
茄子褐纹病 32, 34
茄子黄萎病 36, 36, 36, 114
茄子立枯病 33
茄子绵疫病 34
茄子软腐病 44
茄子早疫病 32
芹菜根结线虫病 55 56
芹菜根结线虫病病根 101
芹菜早疫病 29
青椒炭疽病 33

S

生菜根结线虫病 114
生菜菌核病 37
水果黄瓜病毒病畸形瓜 22

T

甜菜根结线虫病 55
甜瓜白粉病 31
甜瓜果斑病 43, 46, 46, 46, 46
甜瓜角斑病 46
甜瓜菌核病 37
甜瓜菌核病后期 34
甜瓜蔓枯病 34, 34
甜瓜软腐病 43, 44
甜瓜叶斑病 40, 46
甜椒白粉病 31
茼蒿霜霉病 29
土壤传带病虫 101

X

西瓜白粉病 31
西瓜根结线虫病 55
西瓜根结线虫病病根 101
西瓜根结线虫病病苗 58
西瓜根结线虫危害状 53
西瓜黄瓜绿斑驳病毒脱水瓜 22
西瓜黄化病毒病 23
西瓜明脉病毒病 22
西瓜叶斑病 47
西瓜疫病 113
西瓜疫病病瓜（真菌） 50
西葫芦根霉病 34
小白菜根结线虫病 55

Y

羽衣甘蓝菌核病 35

Z

杂草感染根结线虫病 55, 55, 55
植株残体传带病虫 101, 101
植株残体传带大量线虫幼虫、雌虫和卵 58
种子带菌 100
皱缩花叶病毒病 22

2.生理病害照片索引

B

薄荷辣根素药害 77

C

彩椒盐害 70
草莓生理变异 75
草莓生理畸形 75, 75, 75, 75
草莓药害 71
除草剂药害 71, 71

F

番茄2,4-D药害 71, 71, 71, 71, 71
番茄成株期有毒气害 70
番茄除草剂药害 72
番茄低温造成生理落果 72
番茄肥害 70
番茄寒害 73
番茄花前期生理热害 72
番茄环裂果（浇水不适） 74
番茄空心果（缺水） 74
番茄苗期低温形成畸形果 73
番茄缺钙 68
番茄缺钾 68
番茄缺磷 67
番茄缺素症 68
番茄日烧病 74
番茄生理变异枝 75
番茄生理热害 72, 72
番茄芽枯病（生理热害） 73
番茄盐害 69, 69, 69
番茄药害 72, 72
番茄营养失调 77
番茄纵裂果（浇水不适） 74

H

黄瓜低温萎蔫 73
黄瓜寒害 73
黄瓜化瓜 75

黄瓜沤根 73
黄瓜缺氮 68
黄瓜缺水（花打顶） 74
黄瓜生理变色 75
黄瓜无心苗 75
黄瓜药害 71, 76

J

豇豆雨后干热 74, 74

L

辣椒缺钙 68

M

木瓜杀螨剂药害 71

P

普力克高温药害 71

Q

茄子高温热害 73
茄子日烧病 74
茄子生理畸形 75
青椒缺钙 68

R

人参果2,4–D药害 71

S

生菜涝害 73, 73

T

甜瓜浇水后瓜蒂拉伤 75
甜椒日烧病 74

W

污水浇灌甘蓝形成茎瘤 70, 70

Y

油菜敌敌畏烟雾剂药害 71

3.害虫照片索引

B

斑潜蝇为害状 85, 85, 85

C

菜青虫蛹 82
菜叶蜂蛹（在地下）82
茶黄螨放大图 90
茶黄螨为害彩色甜椒受害状 90
茶黄螨为害彩色甜椒形成僵果 89, 90
茶黄螨为害黄瓜嫩叶形成勺状 90
茶黄螨为害辣椒受害状 90
茶黄螨为害辣椒形成僵果 90
茶黄螨为害普通番茄果实受害状 89, 89, 89
茶黄螨为害普通番茄受害状 89
茶黄螨为害茄子形成僵果 90, 90
茶黄螨为害茄子形成开花馒头 90
茶黄螨为害樱桃番茄果实受害状 89
茶黄螨为害樱桃番茄受害状 89
茶黄螨显微放大图 90
传毒害虫：白粉虱卵、成虫和伪蛹 25
传毒害虫：斑潜蝇虫道内低龄幼虫、脱道幼虫、蛹和成虫 24
传毒害虫：花蓟马放大 25
传毒害虫：无翅蚜虫 25, 25
传毒害虫：烟粉虱卵、成虫和伪蛹 25
传毒害虫：有翅蚜 25
葱蝇幼虫 96

E

二斑叶螨显微放大 87

G

瓜条上红蜘蛛放大 87
管蓟马为害荷兰豆 88

H

红蜘蛛放大图 87
红蜘蛛为害彩色甜椒叶片 86
红蜘蛛为害彩色甜椒植株 86
红蜘蛛为害黄瓜瓜条 86
红蜘蛛为害黄瓜叶片 86
红蜘蛛为害架豆叶片 86, 86
红蜘蛛为害芹菜叶片 87
红蜘蛛为害西瓜 87
花蓟马为害黄瓜花 88
茴香凤蝶蛹 82

J

蓟马为害菜豌豆叶片 88
蓟马为害番茄形成僵果 88, 88
蓟马为害架豆豆荚 88
蓟马为害韭菜叶片 88
蓟马为害南瓜花 88
蓟马为害茄子叶片 88
蓟马为害水果黄瓜瓜条 88, 88
金针虫为害番茄 97
金针虫为害茄子 97
韭蛆（葱蝇）为害韭菜 96
韭蛆（韭菜迟眼蕈蚊）为害韭菜 96
韭蛆为害状 95
韭蛆幼虫 96

M

棉铃虫为害番茄果实 93, 93
棉铃虫为害番茄茎秆 93
棉铃虫蛹（在地下）95

Q

蛴螬成虫（金龟子） 96, 96
蛴螬为害番茄幼株 96, 96, 96, 96, 96

T

甜菜夜蛾和甘蓝夜蛾蛹（在地下） 82
甜菜夜蛾为害生菜 79
甜菜夜蛾为害状 78, 79

X

西花蓟马为害甜椒 88
小菜蛾为害状 79, 79, 79, 79, 79, 79
小菜蛾蛹 82

Y
蚜虫危害形成的霉污病 84
蚜虫为害草莓 84
蚜虫为害黄瓜 84
蚜虫为害韭菜 84
烟粉虱形成的霉污病 83, 84, 84, 84
烟青虫、桃蛀螟钻蛀为害状 94
烟青虫为害青椒果 94
玉米螟为害甜玉米 93, 93
玉米螟为害状 93, 93

4.技术照片索引

15、30、40、50目防虫网比较 164
30目防虫网孔与烟粉虱个体比较 170
YH-1A太阳能杀虫灯 185
YH-2B交流电杀虫灯 185

B
拌药土 110
保持防虫网密闭良好 170, 170, 170
标准大小黄板 180
标准大小蓝板 180
不合格农药 201, 201

C
菜苗诱集 64
残体焚烧 130, 130
常量喷雾 202
常温烟雾施药 205
超低量喷雾 203
持续密闭处理 120
充足的有机肥 119
充足的有机基质 119
臭氧处理后的无病虫有机质 134
臭氧快速无害处理后的有机质 134
臭氧棚室熏蒸消毒 109, 109, 109
臭氧熏蒸处理 66
臭氧循环熏蒸 122
除草剂 198
处理前-预浇透水 120

D
灯光诱杀 80
灯光诱杀韭菜蛆成虫 98, 98
灯光诱杀效果 81
低容量喷雾 203
滴灌 157
敌敌畏烟雾剂熏蒸棚室 92
断根嫁接 150, 150
多功能膜 171

E
二次熏蒸前沟垄互换 123

F
番茄感线虫品种根系 141, 141
番茄嫁接 63
番茄抗根结线虫病品种对比试验 61
防虫网遮阴防暴雨 168
粉尘法棚内施药 203
粉尘法棚外施药 203

G
改良京欣6号 143
干热消毒机 103
高浓度臭氧循环熏蒸 123
高温堆沤 132, 132
高温闷棚防治美洲斑潜蝇 162
各类害虫性诱捕器 189
给土壤洒水增湿 122
沟施药液 111
挂设蓝板和黄板 92
管灌 157
果砧1号嫁接番茄 147

H
黑色农膜 174, 174
红贝贝 141
红曼1号 141
黄板诱捕西花蓟马效果 177
黄板诱捕烟粉虱效果 177
黄板诱集葱蝇 177
黄板诱集韭菜迟眼蕈蚊 178
黄板诱集蝇类害虫 177
黄瓜顶芽斜插嫁接 148
黄瓜嫁接 63
黄瓜靠接 150, 150
黄皮9818 144
灰色农膜 174, 174

J
基质（碎玉米秸）耕翻均匀 117
基质粉碎 117
基质耕匀后的土壤 117
佳红8号 141
假农药 201, 201, 201, 201, 201
嫁接工具 153
嫁接后藤蔓匍匐生长产生次生根易感染病菌 156
嫁接苗遮阴覆盖 152
嫁接苗砧木子叶高出地面 154
嫁接原理 144
间作高秆作物遮阴 166
胶带粘补破损薄膜 120
胶囊施药 115, 115
金曼 142
金棚自根系和果砧1号番茄根系 147
津优303 143
津优401 143
京欣2号 143
京欣8号 143
京欣砧1号 146
京欣砧3号 146
京欣砧4号 146
京欣砧5号（黄瓜专用）145
京欣砧优 146
精准量具 208
精准施药配套量具 208

K
抗病毒病品种比较 139
抗黑腐病品种比较 139
抗霜霉病品种比较 139
抗线虫品种仙克8号与常规品种比较 141
抗线砧木嫁接和自根茄子对比 63
客土育苗：健康土铺苗床 60
客土育苗：平整苗床 60
客土育苗：铺垫薄膜 60
客土育苗：撒施种子 60

客土育苗：外取健康土 60
枯萎抗病性对比 142

L

辣根素常温烟雾施药熏蒸大棚 92
辣根素常温烟雾施药熏蒸温室 92
辣根素超低量喷雾熏蒸温室 92
辣根素处理 65
辣根素滴灌施药 66, 66, 126, 126, 126
辣根素对不同微生物的防治效果 127
辣根素对不同真菌防治效果 127
辣根素防治根结线虫病效果 127
辣根素防治与对照植株比较 65
辣根素膜下熏蒸土壤 127
辣根素棚室消毒病菌检测 108
辣根素棚室熏蒸消毒 107
辣根素水乳剂泼浇处理土壤 207
辣根素通过滴灌系统施用 126
辣椒劈接 149
蓝板诱杀葱蓟马 178
蓝板诱杀蓟马效果 179
蓝板诱杀棕榈蓟马 179
利凉涂料 167
利索涂料 167
硫磺熏蒸器 203
露地二层膜日光高温消毒 118
露地三层膜日光高温消毒 118, 118
露地一层膜日光高温消毒 118
轮作防病 64, 64, 64

M

门前消毒池 128
密闭闷棚 117
苗菜诱集 64
膜四周压实 117
膜下暗灌 157, 157

N

农药包装集中回收 213, 213
农药包装集中无害处理 213, 213
农药标签 197, 197, 197
农药药害 201
农药增效剂 210

P

喷洒利索遮阴 167, 167
喷洒泥浆遮阴 168, 168
棚室熏蒸消毒 105
普通喷雾效果 209

Q

茄子嫁接 63
茄子劈接 149
茄子贴接 149
清除残体 105, 105, 105
清除带病残体 105
清除杂草 91
清水在荷叶上的状态 209
驱避植物：艾蒿 191
驱避植物：天竺葵 191
驱避植物：万寿菊 65, 191
驱避植物：熏衣草 191

R

日光基质处理效果 66
日光基质高温处理 66
茸毛新秀 139

S

撒施毒土 206
撒施浓度 111
撒施药土 111
色卡诱集害虫 176
杀虫灯诱虫效果 98
杀虫剂 198
杀菌剂 198
生长调节剂 198
生态调控管理 158
生态调控预防病毒病 158
生物发酵堆沤处理池 131
生物熏蒸剂辣根素 125
施用有机硅喷雾效果 209
石灰稻草日光高温消毒 117
使用鞋套防止人为传播病虫 129, 129
示合理轮作元素平衡土壤 137
示连作后元素失衡和大量自毒分泌物积累的土壤 137
示轮作后元素平衡和少许自毒分泌物的土壤 137
双根嫁接 151, 151
双根嫁接植株 151
双光自控杀虫灯诱杀害虫 98
随意兑药 199

T

太阳能臭氧农业垃圾处理站 133
太阳能臭氧无害处理 133
太阳能杀虫灯诱杀 81, 94
太阳能玉米基质处理效果 116
泰丰园 143
特定光谱诱虫灯 183
添加增效剂与对照雾滴比较 209
甜椒贴接 149
通风口设置防虫网 92

W

挖臭氧气流动小缺口 122
威百亩滴灌施药 66
微喷 157
违章使用高毒农药 208
违章使用剧毒农药 208, 208
未进行处理的对照组根结线虫危害状 127
未消毒棚室病菌检测 108
未用辣根素处理对照植株 65
温汤浸种 103
无病基质育苗 59, 60
无防治对照 66

X

西瓜嫁接 63
系列抗根结线虫病品种 62
仙客1号 140
仙客5号 141
仙客6号 141
仙客8号 141
性诱捕 188
性诱剂迷向 187, 188
性诱剂诱捕 188, 188
性诱剂诱杀 81, 81, 81, 94
性诱剂诱杀效果 81, 81, 81

性诱芯 186
畜禽粪便+基质（稻草）日光高温处理 117
畜禽粪便+基质高温消毒覆膜 118
穴施药土 111
穴施药液 111

Y

压膜密闭 122
烟雾剂棚室熏蒸消毒 108
烟雾施药 203
盐渍化土壤 136
药剂拌种 103
药剂处理定植沟 60
药剂处理定植穴 60
药剂处理苗床土壤 60
药剂防治与对照 66
药剂浸种 103
药剂喷洒地表 107
药剂喷洒架柴 107
药剂喷洒棚膜 106
药剂喷洒墙壁 107
药剂撒施效果 65
药剂穴施效果 65
移动式臭氧农业垃圾处理装置粉碎处理 134
银灰膜避蚜 173, 173, 192, 192
引诱植物甜玉米 190
引诱植物油菜花 190
有机硅喷雾助剂 210
有机硅展着剂 210, 210
诱虫灯诱杀 98
诱虫效果 185
育苗块育苗 60, 60, 60, 60
圆筒状色板 180

Z

在出入口设施防虫网 92
遮阳网覆盖 27, 27, 164
遮阴植物防病诱虫 26
整体覆膜 117, 122
制作毒土 98
种衣剂种子包衣 97
种子处理剂 206
种子药剂包衣 206
骤冷冻棚 65
专用防线虫药剂 65
紫外线阻断膜 172
自根番茄 147
自控常温烟雾施药 203
自控常温烟雾施药空棚消毒 205
自控臭氧常温烟雾施药机熏蒸 123
自制黄板 183
自制黄盆 183
做高垄 117, 121

病虫绿色防控

保障产品安全

控制面源污染